编 委 会

主　　编：董景辰

副 主 编：杨建军　王麟琨

参编人员：王春喜　刘　丹　史学玲　丁　露　吴东亚　卓　兰
张　晖　周　平　郭　楠　范科峰　胡静宜　黎晓东
王　英　徐建平　张岩涛　徐　鹏　涂　煊　柴　熠
李翌辉　刘　壮　李　侠　陈荣伟　史海波　王克达
于秀明　赵奉杰　鞠恩民　于美梅　苗建军　谢兵兵
郝玉成　朱恺真　王　琨　朱毅明　徐　静

编　者　按

2015年开始，工业和信息化部与财政部共同实施了“智能制造综合标准化与新模式应用”专项行动，专项包括智能制造综合标准化和新模式应用两部分内容。本系列丛书是2015年专项中智能制造综合标准化的部分研究成果。丛书分为基础共性标准成果和行业应用标准成果两大体系，本书是其中行业应用标准成果的第三册，收录了8项标准成果，每项成果均按照GB/T 1.1—2009《标准化工作导则　第1部分：标准的结构和编写》的要求进行编写。

此次出版的标准研究成果符合国家标准化委员会与工业和信息化部2015年发布的《智能制造标准体系建设指南》。根据专项的考核目标，标准的研究成果是形成标准草案，在此基础上再申报国家标准或者行业标准立项。目前，已有一部分成果完成国家标准或者行业标准的立项，也有不少成果已经在企业中得到应用。

按照工业和信息化部发布的《智能制造综合标准化和新模式管理办法》规定，专项标准的研究过程须经过三次技术审查。审查专家组由该领域的技术专家和标准化专家组成，其中至少包含两名国家智能制造标准化专家咨询组的专家。每次审查会都形成会议纪要、专家审查意见及专家审查意见汇总处理结果。所形成的标准（草案）还必须经过验证，由专项的项目承担单位建设验证平台，并在一个以上的企业现场创建验证环境（2016年以后要求在三个以上的企业现场搭建验证环境）。通过举证、平台、现场三种验证方式，使验证覆盖标准（草案）的全部内容，从而保证了标准（草案）有较好的完整性、准确性和可操作性。

智能制造标准的特点是综合性非常强，不但在内容上要将设计、制造、通信、软件、管理等多个领域的技术融合在一起，而且还要进行全面的验证，所以技术难度是很大的。这也是对标准化工作一个新的挑战。感谢专项的承担单位、参研单位和众多的技术专家，他们付出了巨大的努力，克服了很多困难，最终取得了较好的成果。

希望本丛书的出版能对业界推进企业智能制造转型升级有所帮助，并希望大家对丛书的内容提出宝贵的意见。

《智能制造综合标准化专项研究成果丛书》编委会

2019年10月

智能制造综合标准化专项研究成果丛书

智能制造行业应用标准研究成果（三）

国家智能制造标准化总体组　主编

電子工業出版社
Publishing House of Electronics Industry
北京•BEIJING

内 容 简 介

2015 年开始，工业和信息化部与财政部共同实施了“智能制造综合标准化与新模式应用”专项行动。专项行动包括智能制造综合标准化和新模式应用两部分内容。本系列丛书是 2015 年专项中智能制造综合标准化的部分研究成果。丛书分为基础共性标准成果和行业应用标准成果两大体系，本书是其中行业应用标准成果的第三册，收录了 8 项标准成果：芯片式传感器领域 2 项，中低压输配电领域 4 项，小型断路器领域 1 项，锅炉焊接领域 1 项。

本书可供相关领域企业及科研院所相关人员参考阅读。

图书在版编目（CIP）数据

智能制造行业应用标准研究成果．三/国家智能制造标准化总体组主编．—北京：电子工业出版社，2020.3
（智能制造综合标准化专项研究成果丛书）
ISBN 978-7-121-38186-7

Ⅰ．①智⋯　Ⅱ．①国⋯　Ⅲ．①智能制造系统—标准—研究—中国　Ⅳ．①TH166-65

中国版本图书馆 CIP 数据核字（2019）第 289878 号

责任编辑：陈韦凯　　文字编辑：刘家彤
印　　刷：天津嘉恒印务有限公司
装　　订：天津嘉恒印务有限公司
出版发行：电子工业出版社
　　　　　北京市海淀区万寿路 173 信箱　　邮编：100036
开　　本：880×1230　1/16　印张：11.5　字数：368 千字
版　　次：2020 年 3 月第 1 版
印　　次：2020 年 3 月第 1 次印刷
定　　价：168.00 元

凡所购买电子工业出版社图书有缺损问题，请向购买书店调换。若书店售缺，请与本社发行部联系，联系及邮购电话：（010）88254888，88258888。

质量投诉请发邮件至 zlts@phei.com.cn，盗版侵权举报请发邮件至 dbqq@phei.com.cn。

本书咨询联系方式：chenwk@phei.com.cn。

目　　录

成果一

芯片式传感器数字化车间
第 1 部分：通用技术要求

引　言

标准解决的问题：

本标准规定了芯片式传感器数字化车间的术语和定义、体系结构、数字化装备要求、数字化管控要求、系统集成要求等通用技术要求。

标准的适用对象：

本标准适用于芯片式传感器数字化车间的规划、建设、运行和改造。

专项承担研究单位：

中国科学院沈阳自动化研究所。

专项参研联合单位：

机械工业仪器仪表综合技术经济研究所、中电科技集团重庆声光电有限公司。

专项参加起草单位：

中国科学院沈阳自动化研究所、机械工业仪器仪表综合技术经济研究所、中电科技集团重庆声光电有限公司。

专项参研人员：

史海波、宋宏、李歆、胡国良、段彬、里鹏、徐皑冬、尚文利、赵剑明、闫炳均、赵文柏、柳晓菁。

芯片式传感器数字化车间　第 1 部分：通用技术要求

1　范围

本标准规定了芯片式传感器数字化车间的术语和定义、体系结构、数字化装备要求、数字化管控要求、系统集成要求等通用技术要求。

本标准适用于芯片式传感器数字化车间的规划、建设、运行和改造。

2　规范性引用文件

下列文件对于本标准的应用是必不可少的。凡是注日期的引用文件，仅所注日期的版本适用于本标准。凡是不注日期的引用文件，其最新版本（包括所有的修改单）适用于本标准。

GB/T 7665—2005　传感器通用术语

GB/T 37393—2019　数字化车间　通用技术要求

3　术语和定义

GB/T 7665—2005 中界定的以及下列术语和定义适用于本标准。

3.1　传感器　transducer/sensor

能感受规定的被测量并按照一定的规律转换成可用信号的器件或装置，通常由敏感元件和转换元件组成。

注 1：敏感元件（sensing element），指传感器中能直接感受或响应被测量的部分。

注 2：转换元件（transducing element），指传感器中能将敏感元件感受或响应的被测量转换成适于传输或测量的电信号部分。

注 3：当输出为规定的标准信号时，则称为变送器（transmitter）。

[GB/T 7665—2005，定义 3.1.1]

3.2　芯片式传感器　chip sensor

是采用半导体集成工艺而制成的传感器，通常将传感信号的处理电路集成到一块芯片上，实现传感器的 SoC 集成和智能化设计，可完成测量及模拟信号的输出。主要特点是测量误差小、响应速度快、传输距离远、体积小、微功耗等，适合远距离测量、控制，不需要进行非线性校准，外围电路简单。

3.3　数字化车间　digital shop floor

数字化车间是以生产对象所要求的工艺和设备为基础，以信息技术、自动化、测控技术等为手段，用数据连接不同生产单元，对生产过程进行规划、管理、诊断和优化。

[GB/T 37393—2019　数字化车间　通用技术要求，定义 3.7]

3.4 菜单 recipe

芯片式传感器生产过程中对晶圆所做的每一步处理规范。

3.5 产品家族 product family

产品家族是产品的逻辑分组，一个产品只能隶属于一个产品家族，但一个产品家族可以包含多种产品。

3.6 能力组 ability group

描述生产单元能够执行菜单能力的逻辑分组。

3.7 变量组 variable group

将同一类型的变量分组管理，如温度变量组、压力变量组等。

4 缩略语

APC：先进过程控制（Advanced Process Control）
ATE：自动测试设备（Automated Test Equipment）
BOM：物料清单（Bill of Material）
CP：晶圆测试（Circuit Probing）
CPK：过程能力指数（Complex Process Capability Index）
CRM：客户关系管理系统（Customer Relationship Management）
ERP：企业资源计划（Enterprise Resource Planning）
FDC：故障检测与分类（Fault Detection and Classification）
FT：封装测试（Final Test）
IC：集成电路（Integrated Circuit）
MTBF：平均失效时间（Mean Time Between Failure）
OEE：整体设备效率（Overall Equipment Effectiveness）
OPC：用于过程控制的OLE（OLE for Process Control）
PDM：产品数据管理（Product Data Management）
PECVD：等离子体增强化学气相沉积法（Plasma Enhanced Chemical Vapor Deposition）
R2R：批次到批次（Run-to-Run）
SCM：供应链管理系统（Supply Chain Management）
SECS：半导体设备通信标准（Semiconductor Equipment Communication Standard）
SPC：统计过程控制（Statistical Process Control）

5 体系结构

5.1 层次结构

芯片式传感器数字化车间的层次结构如图 1 所示，包括数字化装备、数字化管控等部分。车间安全包括功能安全及信息安全；数字化装备部分包括用于生产的加工装备、检测装备以及物流装备等。数字化管控是利用计算机、通信、网络等技术实现芯片式传感器设计、计划、组织、生产、协调等管理活动和方法，一般包括生产模型、计划管理、在制管理、质量管理、物流管理、设备管理和环境监测等功能。集成体系中，纵向集成是指通过设备互联互通及数据采集实现数字化管控层与数字化装备层之间的集成；横向集成是指数字化管控功能之间的集成。

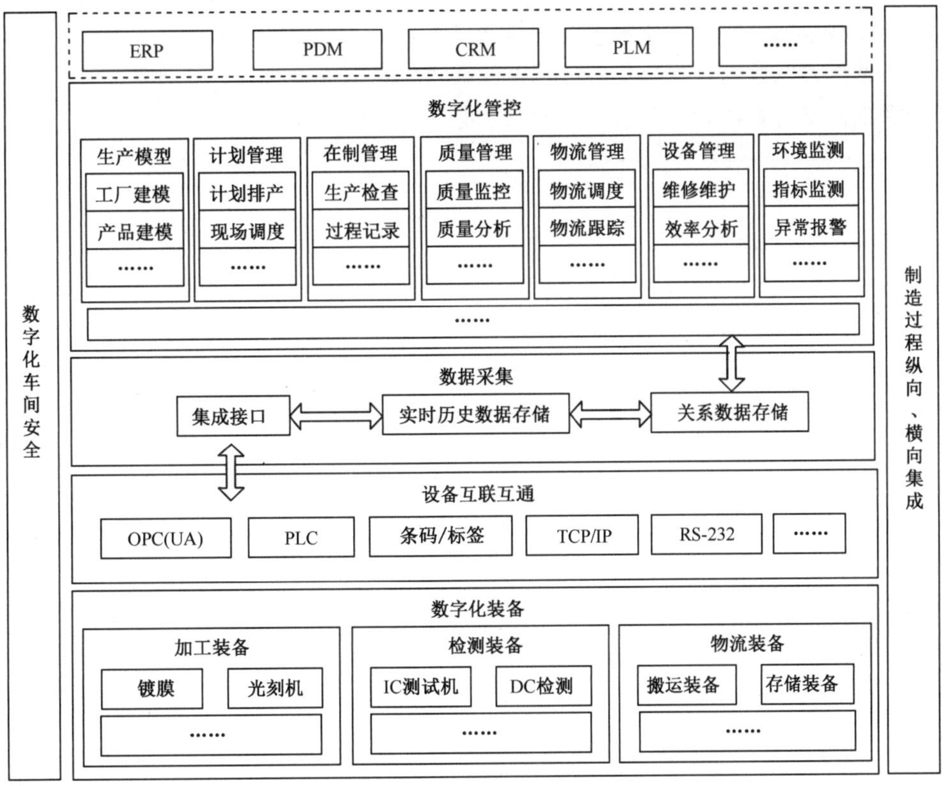

图 1　芯片式传感器数字化车间层次结构

5.2　功能框架

芯片式传感器数字化车间功能框架如图 2 所示，以车间的数字化设备控制管理为基础，在功能安全和信息安全的要求下，包含生产模型管理、计划及在制管理、车间物流管理、设备及工装管理、车间质量管理和环境监测管理等业务管理功能，通过数字化技术及方法支撑和固化生产过程管控流程，实现业务间的数据集成与管理协同。

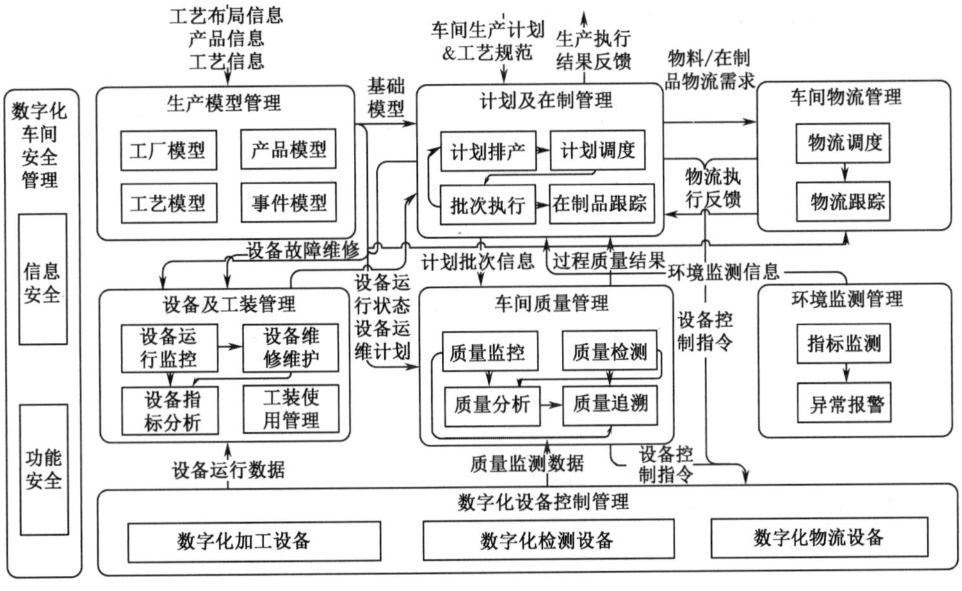

图 2　芯片式传感器数字化车间功能框架

5.3 网络架构

芯片式传感器数字化车间网络架构如图 3 所示，按照系统功能层次将车间网络划分为数字化装备层网络和数字化管控层网络。数字化装备层网络通过工业以太网实现生产设备、物流设备、PLC 等控制单元、监控终端的网络连接；数字化管控层网络通过标准以太网构建，实现服务器、工作站、移动终端等信息设备的网络连接。数字化装备层网络和数字化管控层网络间通过相应的集成接口实现数据交换。

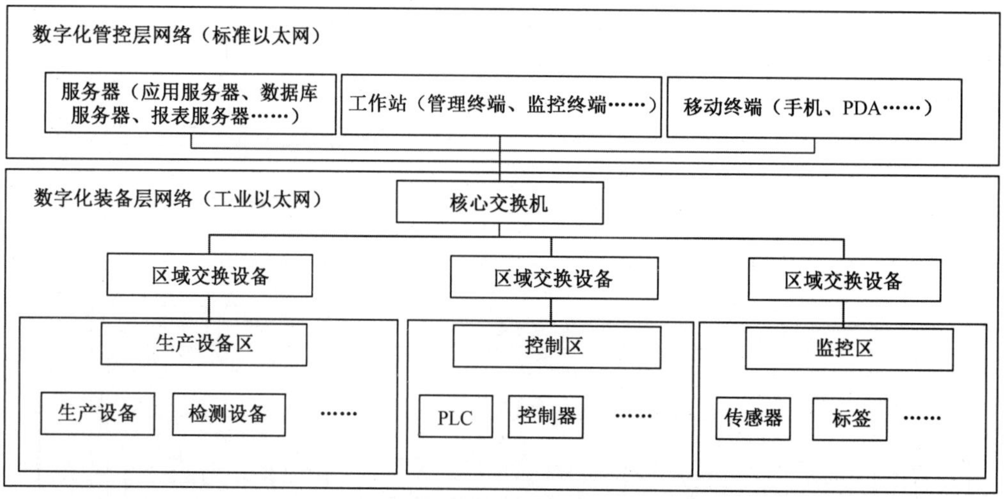

图 3 芯片式传感器数字化车间网络架构

6 数字化装备要求

6.1 数字化加工装备

芯片式传感器的主要加工设备包括芯片生产设备和传感器组装设备。通常包括镀膜设备、清洗机、光刻机、涂胶机、扩散炉、减薄机、退火炉、划片机、压焊机及封装设备等。设备精密度及自动化水平高，普遍具有数字化加工的能力。

数字化车间应具备对加工设备下达控制指令和采集加工数据的能力。

6.2 数字化检测装备

按照生产工艺，对于传感器芯片的主要质量检测分为 CP（晶圆测试）和 FT（封装测试）两个阶段。其中 CP 阶段主要的检测设备包括 IC 测试机、探针卡及探针台等。FT 阶段主要的检测设备通常采用 ATE 自动测试设备系统，测试项目包括如电源检测、引脚 DC 检测、测试逻辑检测、物理连接检测等。

数字化车间应具备对各类检测设备的数据采集能力，并依据采集检测结果对过程质量进行控制。

6.3 数字化物流装备

数字化物流装备主要划分为物料存储和物料搬运两类，其中用于晶圆存储的晶舟应具备编码标识，以能够与生产计划信息绑定并实现晶圆移动的跟踪；存储辅助用料的货架如具备条件宜采用智能料架，以保证物料存取的准确性；物料搬运如具备条件宜采用数字化物流搬运设备。

数字化车间应具备对物流装备的调度和控制能力，并能获取设备反馈的状态信息。

7　数字化管控要求

7.1　数字化生产模型

7.1.1　车间模型

7.1.1.1　总则

数字化车间模型如图 4 所示，其主要功能包括组织机构管理、物理布局管理、生产单元管理、能力及能力组管理、变量及变量组管理。

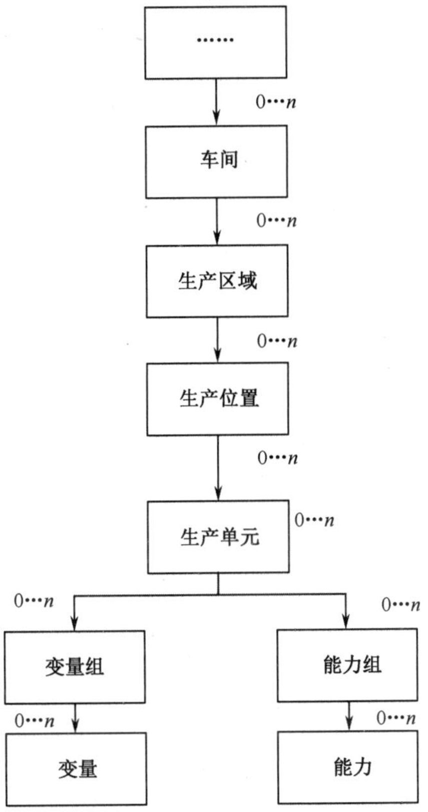

图 4　数字化车间模型

7.1.1.2　组织结构管理

根据芯片式传感器企业生产加工特点，以树形图的方式展示车间组织结构关系，主要包括以下属性信息：

—— 车间名称；
—— 车间编码；
—— 所属工厂。

7.1.1.3　物理布局管理

对车间进行物理布局划分，主要包括生产区域和生产位置两个部分。

生产区域包括以下属性信息：

—— 生产区域名称；
—— 生产区域编码；
—— 所属车间。

生产位置包括以下属性信息：
—— 生产位置名称；
—— 生产位置编码；
—— 所属区域。

7.1.1.4 生产单元管理

生产单元通常为实际的生产设备，主要包括以下属性信息：
—— 生产单元名称；
—— 生产单元编码；
—— 生产单元类型；
—— 生产单元描述。

7.1.1.5 能力及能力组管理

能力组及能力用于描述生产单元的生产能力。
生产能力组包括以下属性信息：
—— 能力组名称；
—— 能力组编码；
—— 能力组描述。
生产能力包括以下属性信息：
—— 能力名称；
—— 能力编码；
—— 能力描述。

7.1.1.6 变量及变量组管理

变量组及变量用于描述生产单元的数据采集信息，主要包括基本属性、数据源属性和采集属性。
基本属性包括以下信息：
—— 变量名称；
—— 变量组名称；
—— 计量单位名称；
—— 数据类型；
—— 变量编码；
—— 变量描述。
数据源属性包括以下属性信息：
—— 数据源类型；
—— 数据源名称；
—— 变量标签。
采样属性包括以下属性信息：
—— 采样类型；
—— 采样周期；
—— 采样偏移量；
—— 采样精度；
—— 采样方式；
—— 采样处理逻辑。

7.1.2　产品模型

7.1.2.1　物料类型管理

物料类型主要包括以下属性信息：
—— 物料类型名称；
—— 物料类型编码；
—— 物料类型描述。

7.1.2.2　物料信息管理

物料主要包括以下属性信息：
—— 物料名称；
—— 物料类型；
—— 物料供应商；
—— 物料编码；
—— 物料描述。

7.1.2.3　产品家族管理

产品家族是产品的逻辑分组，一种产品只能隶属于一个产品家族，但一个产品家族可以包含多种产品。产品家族包括以下属性信息：
—— 产品家族名称；
—— 产品家族描述。

7.1.2.4　产品信息管理

产品主要包括以下属性信息：
—— 产品名称；
—— 产品家族；
—— 产品编码；
—— 产品描述。

7.1.2.5　物料清单管理

物料清单（BOM）描述了芯片式传感器产品的组成，一般包括以下属性信息：
—— BOM 名称；
—— 版本号；
—— 产品名称；
—— BOM 编码；
—— BOM 描述。
物料清单项一般包括以下属性信息：
—— 物料名称；
—— 投料量；
—— 计量单位；
—— 投料顺序。
当某一物料存在替代物料时，替代物料一般包括以下属性信息：
—— 物料名称；

—— 替代投料量；
—— 计量单位；
—— 优先级。

7.1.3 工艺模型

7.1.3.1 工艺路线管理

工艺路线由菜单组成，组成芯片式传感器工艺的工艺约束及物料需求在菜单模型中描述。
菜单包括以下属性信息：
—— 菜单名称；
—— 菜单编码；
—— 菜单版本；
—— 关联能力组；
—— 关联能力；
—— 关联物料；
—— 菜单描述。
菜单约束包括以下属性信息：
—— 进站或出站约束；
—— 物料主类型约束；
—— 物料子类型约束。
工艺路线包括以下属性信息：
—— 工艺名称；
—— 工艺编码；
—— 工艺类型（主工艺路线或调用工艺路线）；
—— 工艺版本；
—— 工艺路线节点序列。
工艺路线节点中的返工工艺节点包括以下属性信息：
—— 返回主工序时的菜单；
—— 返工次数；
—— 从返工工序出站时返回主工序时的菜单。

7.1.3.2 工艺信息管理

工艺信息管理对菜单进行工艺参数说明，包括以下属性信息：
—— 参数名称；
—— 参数类型；
—— 参数值；
—— 参数值上限；
—— 参数值下限；
—— 参数顺序。

7.1.4 生产事件模型

7.1.4.1 事件类型管理

事件类型包括以下属性信息：
—— 事件类型；
—— 事件类型名称；

—— 事件类型描述。

7.1.4.2 事件模板管理

事件模板用于定义事件模板名称、描述、所属事件类型、是否基于时间，以及模型版本号等基本信息，可以在事件模板中通过绑定标签、存储过程、动态链接库等属性，定义事件的触发条件或者事件触发后的处理逻辑。

7.1.4.3 事件管理

事件是事件模板的实例化，需要定义触发事件的条件和触发后需要处理的逻辑等信息，具体包括以下属性信息：

—— 事件类型；
—— 事件模板；
—— 事件触发条件；
—— 事件执行操作。

7.1.5 生产模型数据结构关系

有关车间模型、产品模型、工艺模型和事件模型中各要素的数据结构关系可分别参见附录 A.1、A.2、A.3 和 A.4。

7.2 车间计划管理

7.2.1 总则

车间计划管理按照业务流程划分为接收层、排产层和调度层三个层次，包含的具体功能、各功能之间及与外部功能子系统之间的数据关系描述如图 5 所示。

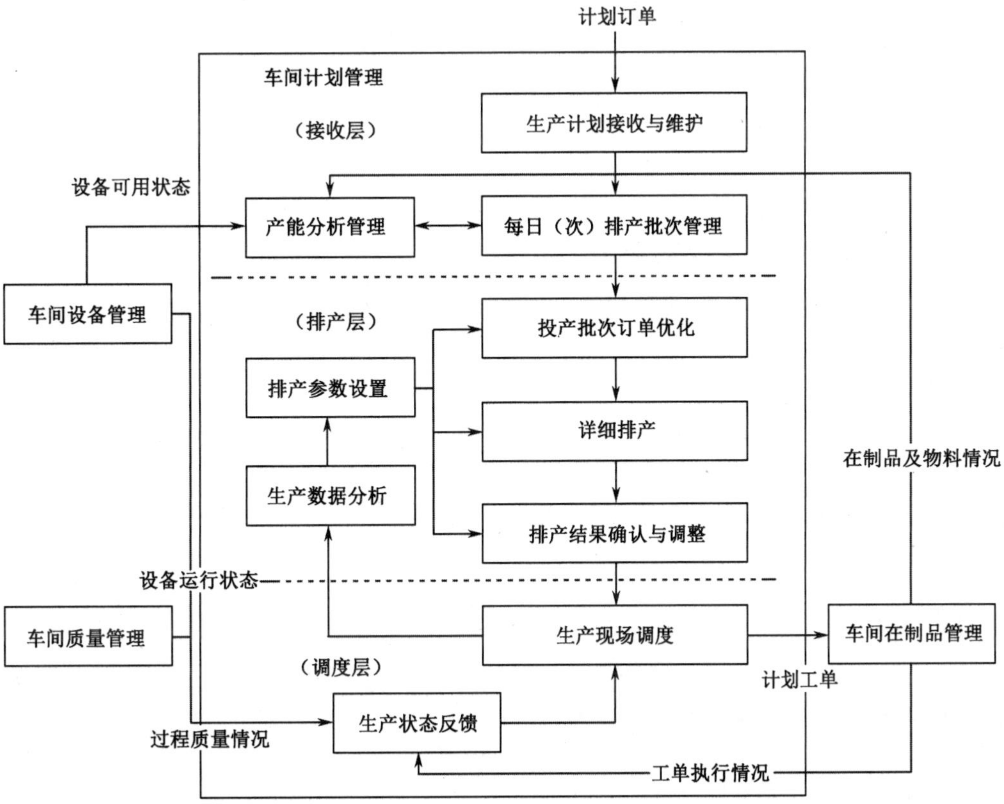

图 5　数字化车间计划管理功能模型

7.2.2 接收层功能

a）生产计划接收与维护

接收外部系统下达或导入的生产订单。能够检测订单的关联数据完整性，包括如生产设备信息、工艺流程、生产时间、工作日历等信息。如果信息不完整，需要对相关数据进行补充。

b）产能分析管理

根据生产线生产单元配置信息、设备生产速度设置信息，以及当前生产线生产任务完成情况，得出生产线生产能力。

c）每日（次）排产批次管理

安排每日（次）排产批次订单，并从“产能分析管理”获取生产线能够提供的产能，来控制每次投单的数量，实现需求产能与提供产能的匹配。

7.2.3 排产层功能

a）排产参数设置

设置排产相关参数，如设备负载率、优化目标、优先级、排产约束等。主要的排产约束条件有：

—— 时间窗约束。通过给定每个工序生产时间窗，限定每个工序并行设备的工作时间范围。生产批次受到设备生产时间窗约束。

—— 有限缓冲区约束。构建缓冲区中的等待队列，生产批次出入缓冲区过程中受到工序间缓冲区容量限制，并受工艺条件中要求的器件最长等待时间的约束。

—— 关联工序设备约束。关联工序设备约束的加工阶段要在与上道工序加工设备对应的设备上进行加工约束。

—— 工装产能约束。使用相同模具的生产批次，受到生产线包含模具所能提供的最大产能约束。

—— 产品类型匹配的设备产能约束。投产的生产批次，受到生产线上可以生产同一种类型产品的设备所能提供的最大产能约束。

—— 瓶颈产能约束。滚动排产过程中，单日投产的生产批次的需求产能受到瓶颈工序设备提供的产能的限制。

b）投产批次订单优化

基于生产订单的产品类型、物料需求、改机或更换工装、生产设备、交货期等信息，对计划工单的上线顺序进行优化。

c）详细排产

基于约束条件和配置信息进行详细排产，得到生产排次在每个工序被指定的加工单元、开工时间、完工时间等排产结果。

d）排产结果确认与调整

对于自动排产的结果，可以人工进行修改和调整，确认无误后方可下发到车间现场。

e）生产数据分析

根据批次追踪数据和设备运行状况，分析排产结果执行情况，调整排产参数设置；根据质量检测结果，调整排产参数设置。

7.2.4 调度层功能

a）生产状态反馈

接收和处理生产计划执行过程中的各类反馈信息，主要包括设备运行状态、过程质量情况及工单执行情况。

b）生产现场调度

将详细排产结果导入生产现场调度系统，生产现场调度要依据投产批次生产进度、设备实时运行状况和质量检测数据，调整和分派生产批次，并使得生产线的实际生产情况能够逼近排产计划。

7.3　车间在制品管理

7.3.1　总则

车间在制品管理包含的功能模块主要有生产检查、批次物料分配、生产过程记录、批次状态控制，如图 6 所示。

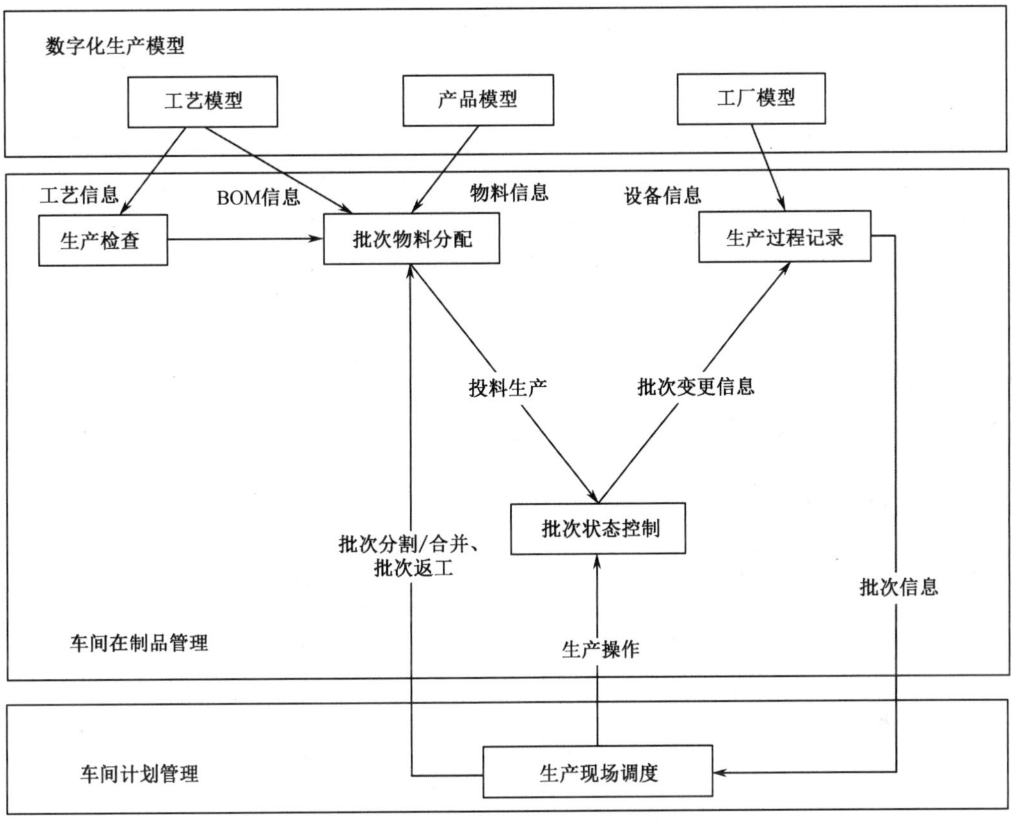

图 6　数字化车间在制品管理功能模型

7.3.2　生产检查

生产检查主要是核查生产是否符合工艺规范，主要包括：

—— 投产原料检查：检查投产原料类型是否与 BOM 规定的原料类型一致，防止错误投料。

—— 工艺时间检查：监测批次等待生产的时长/加工过程时长，对于超过工艺要求的最大等待时长的批次进行报警，对于未满足工艺要求的最小加工时长的批次禁止报完工。

—— 设备菜单检查：检查工艺要求指定的设备菜单与设备上实际执行的菜单是否一致。

—— 工装检查：检查使用的工装类型是否与工艺要求规定类型一致，检查工装是否达到使用寿命。

7.3.3　批次物料分配

批次物料分配是根据实际生产情况为批次分配对应的生产物料，通过扫描物料条码实现与批次的绑定。批次物料分配的情况包括：

—— 批次开始生产前，根据投产数量和 BOM 规定的原料类型为批次分配原料。

—— 将两个或多个批次的原料合并分配给一个新的批次。

—— 一个父批次分成多个子批次，并将父批次的原料分配给各个子批次。

—— 从一个批次中分割出返工子批次，并将原批次中需要返工的原料分配给返工子批次。
—— 对于未通过测试的原料从批次中剔除。

7.3.4 生产过程记录

生产过程记录是记录在制品的生产过程中涉及的关键数据信息（人、机、料、法、环），记录的时机和关键信息包括：

—— 在批次导入到相应的设备中进行加工时，需要记录批次编号、设备编号、导入时间、操作人编号、使用工艺名称，以及环境温湿度等。
—— 在批次加工完成后从设备中移出时，需要记录批次编号、移出时间、工艺指标的测试数据等。
—— 在批次暂停生产时，需要记录批次编号、暂停原因、操作人编号、暂停时间等。
—— 在批次恢复生产时，需要记录批次编号、恢复原因、操作人编号、恢复时间等。
—— 在批次停止当前生产并退回到等待加工时，需要记录批次编号、退回原因、退回时间、操作人编号等。
—— 在批次终止生产时，需要记录批次编号、终止原因、终止时间、操作人编号等。

7.3.5 批次状态控制

批次状态控制是通过对批次执行操作从而改变处于生产线上的批次状态，引起批次状态改变的操作包括：

—— 批次投料会将批次从就绪状态变更为等待状态。
—— 入机台会将批次从等待状态变更为加工状态。
—— 出机台会将批次从加工状态变更为完工状态（非最后一道工艺）或结束状态（最后一道工艺）。
—— 扣押会将批次变更为暂停状态。
—— 释放会将批次从暂停状态变更为扣押之前的状态。
—— 回退会将批次从加工状态变更为等待状态。
—— 入库会将批次从结束状态变更为库存状态。
—— 终止会将批次变更为结束状态。

7.4 车间质量管理

7.4.1 总则

数字化车间质量管理主要功能包括质量数据采集、质量检测与监控、质量追溯。各功能之间及与外部功能子系统之间的数据关系描述如图 7 所示。

7.4.2 质量数据采集

质量数据采集主要来源于设备和人工两个方面，具体的数据内容如下：

—— 生产设备数据：按照生产工艺，包括诸如光刻机、划片机、涂胶机等设备，采集相应设备的运行工艺参数，如涂胶机的涂胶匀胶转速、划片机的刀片压力和划片深度等。
—— 质检设备数据：对不同生产工序的质检指标进行采集，如镀膜工艺的检测指标包括膜厚度和折射率，光刻工艺的检测指标包括线宽和光刻精度等。同时，包括传感器芯片检测环节的电参数测试、高低温测试、压力测试及失效分析等检测数据。
—— 人工检测数据：主要包括人工目测检测数据，诸如传感器芯片的外观缺陷等。

与质量相关的其他数据还包括片料、元件等物料质检数据，洁净度等级，温度、湿度等生产环境数据。

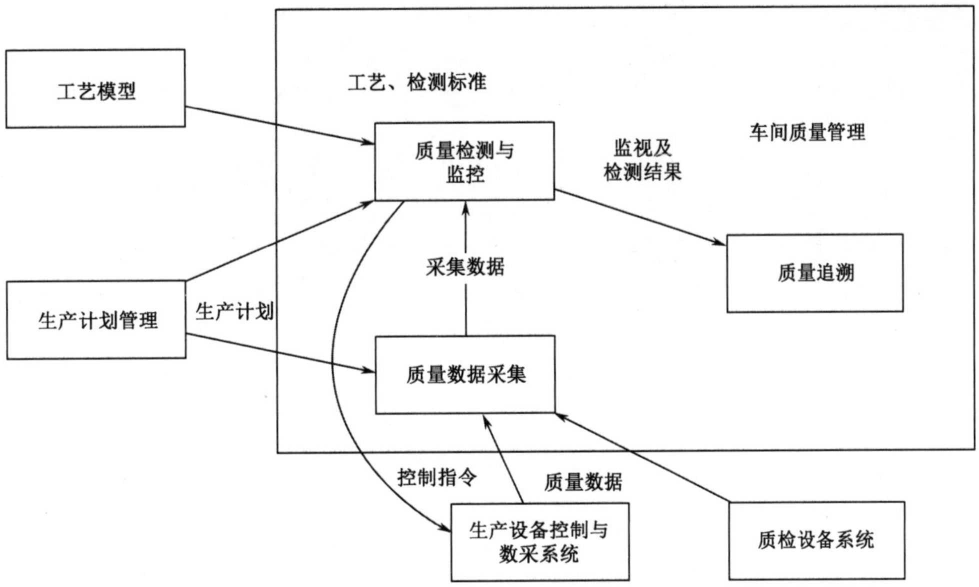

图 7　数字化车间质量管理功能模型

7.4.3　质量检测与监控

7.4.3.1　质量检测

在芯片式传感器工艺过程中，包含多工序的在线质量检测、半成品及成品的筛选，普遍通过专有质检设备实现自动化检测。数字化车间管控应能够对相应检测指标数据进行准确采集，为在线质量控制和判定分析提供可靠依据。

7.4.3.2　SPC 在线分析

对于能够实时采集的关键质量参数，应采用统计过程控制（SPC）方法实现在线质量分析，以达到及时发现质量缺陷和有效评估过程质量的目的。具体要求能够提供基于控制图的实时监测画面对质量异常情况进行及时报警；能够基于采集数据计算过程能力指数（CPK）等评价指标。

7.4.3.3　APC 实时控制

先进过程控制（APC）方法，主要包括设备故障检测与分类（FDC）技术及批次到批次（R2R）自动反馈控制技术两个方面。采用自动化的方式，能够自动侦测和反馈设备及工艺的波动，并采取自动补偿的方法进行控制调节，从而稳定工艺质量。如在光刻工艺进行运用，可以有效减少试片和返工的次数，提高设备使用效率；当工艺稳定时，可以减少测试晶圆的数量和频次，起到降低成本的效果。

7.4.3.4　不合格品处理

对于判定为不合格的工序半成品或成品，应按照标准的流程进行处理，重点管理返工流程。基于返工产品的质量状态，有效控制返工过程和返工次数。

7.4.4　质量追溯

7.4.4.1　质量追溯标识

在芯片式传感器生产过程中，主要的标识信息包括晶圆编码、晶舟编码、相关物料编码、半成品编码及成品编码等，通过对这些标识的关联识别，为质量追溯提供必要条件。

7.4.4.2 产品质量档案

通过标识可以追溯产品生产过程中与质量相关的关键信息，形成完整的产品质量档案。应包括以下信息内容：

—— 产品信息：品名、规格/型号、产品批号/编码、生产日期、BOM 及工艺标准版本等。
—— 产品质量信息：原辅料、中间产品、成品、包装等质量信息。
—— 过程质量信息：各生产区域及工序的生产过程质量信息，如工艺控制参数、检测指标等。
—— 质量判定信息：各环节质量判定、审核、返工、放行等质量决策的时间、人员等处理过程信息，以及各类质量事件的处理过程信息。

7.5 车间物流管理

7.5.1 总则

数字化车间物流管理主要功能包括物料存储、物流调度、物流跟踪、消耗成本。各功能之间及与外部功能子系统之间的数据关系描述如图 8 所示。

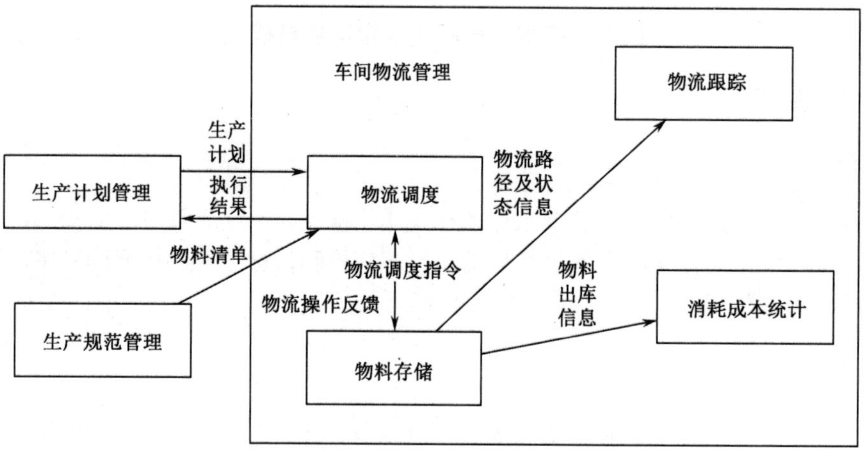

图 8 数字化车间物流管理功能模型

7.5.2 物料存储

芯片式传感器在芯片生产过程中，各工序应按照 BOM 要求将生产物料存放在生产线旁，并提供存储区域作为在制品的缓存区。对于物料及在制品存储的管理要求是对线旁库的入库、出库操作进行记录，并按物料类别统计准确的实时库存。

7.5.3 物流调度

芯片式传感器的可重入生产工艺特征增加了物流调度的复杂性。

物流调度应以提高物料搬运效率、缩短加工等待时间为优化目标，进而提高生产效率。应基于生产工艺及物流布局，针对不同的物流调度问题采取有效的动态调度策略进行分析优化，包括物流设备、人员等资源调度和物流路径的规划。

7.5.4 物流跟踪

物流跟踪是对物料进行可追溯性管理，主要体现为对在制品的物流跟踪，主要的跟踪信息包括：在制品当前的加工/检测工序、加工/检测设备、搬运设备、物理位置、存储地点等，以及基于上述信息形成的实际加工路线。物流跟踪数据一方面为物流调度提供分析决策依据，另一方面为生产过程回溯提供分析依据。

物流跟踪的重要前提是实现对物料及在制品的身份标识和识别感知。标识编码应按照编码规则生成，通常包括批次 ID、晶圆 ID 及批计划 ID 等。

7.5.5　消耗成本统计

消耗成本统计主要包括物料消耗统计和生产产量统计两个方面。

—— 物料消耗统计：按照物料的不同类型进行分类统计，如原料晶圆的消耗和光刻胶等辅料的消耗。消耗统计应区分正常生产消耗和质量问题导致的消耗。

—— 生产产量统计：包括成品产量以及各工序半成品产量的统计。

基于物料消耗和产量的统计，能够有效分析投入产出比，为生产成本的评估提供可靠依据。

7.6　车间设备管理

7.6.1　总则

数字化车间设备管理主要功能包括设备状态监控、设备维修维护及设备效率分析。各功能之间及与外部功能子系统之间的数据关系描述如图 9 所示。

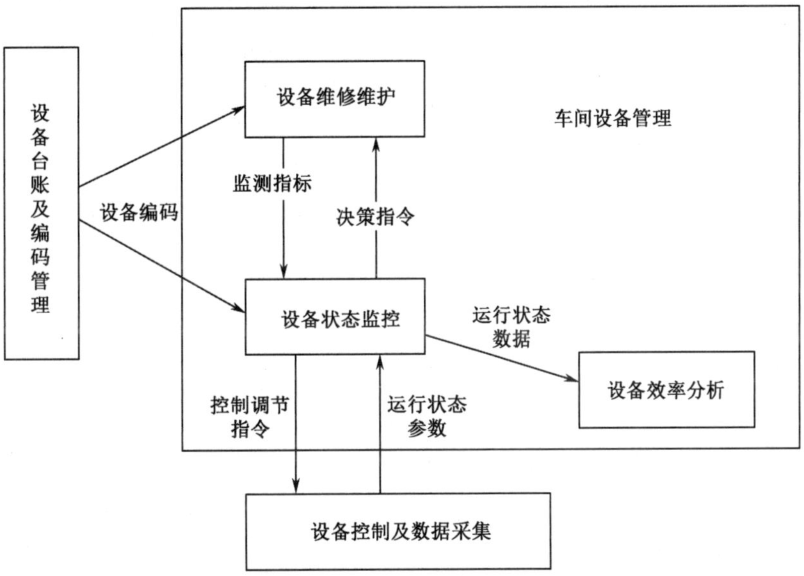

图 9　车间设备管理功能模型

7.6.2　设备状态监控

7.6.2.1　设备运行数据采集

对于芯片式传感器的芯片生产设备，应基于 SECS 标准协议进行数据采集。对于传感器装配设备，应按照相应的通信接口进行数据采集，如以太网接口等。对于其他没有标准通信接口的设备，则需通过增加专用采集板卡或终端进行采集。对于具有设备运行日志的设备，需要能够通过网络接口实时获取日志文件，并对运行日志的内容进行解析。

数据采集信息一般包括：

—— 设备当前状态信息；

—— 设备状态起始时间信息；

—— 设备运行及空闲时间；

—— 设备故障信息；

—— 设备报警信息；
—— 设备运行参数信息；
—— 设备加工数量；
—— 合格品及不合格品数量。

7.6.2.2 设备状态展示

设备状态信息应提供图形化展示界面，以满足可视化监控要求。

7.6.2.3 异常报警

依据设备运行标准和要求，对关键运行指标和参数的监测结果进行分析和判定，对指标异常情况进行报警，并将报警信息及时通知到相应的设备监控人员，以得到及时处理。

7.6.3 设备维修维护

7.6.3.1 工单管理

应建立工单管理机制，形成以计划制订、工单分配、下发、执行、反馈为流程的标准化维修维护体系。充分利用智能移动终端（如手持 PDA、智能手机、平板电脑等）完成工单的执行和反馈。

7.6.3.2 维修维护

根据设备类型的不同按周期制订维修维护计划，基于配置信息自动生成维修维护工单，并下发给相应岗位人员，通过执行工单的反馈信息跟踪执行状态。

7.6.3.3 故障管理

a）故障分类
依据各类设备的软硬件故障类型，建立完整的设备故障分类结构。
b）故障分析与处理
采集设备故障数据，记录故障分析原因和故障处理结果，形成完整的设备故障处理档案。

7.6.4 设备效率分析

基于设备运行与维护过程中采集的数据，能够统计分析设备效率，主要指标通常包括设备完好率、设备故障率、停机时间、停机次数、设备平均故障间隔时间（MTBF）、设备综合效率（OEE）等。

7.7 车间工装管理

7.7.1 总则

车间工装管理主要功能包括划片刀管理、探针卡管理、光刻版管理等。各功能之间及与外部功能子系统之间的数据关系描述如图 10 所示。

7.7.2 工装共性管理

共性管理主要对工装的使用信息进行记录跟踪，以及对工装的寿命进行监控。

7.7.2.1 寿命监控

监控工装的使用次数，在接近使用寿命时，提醒维修人员及时保养或更换。

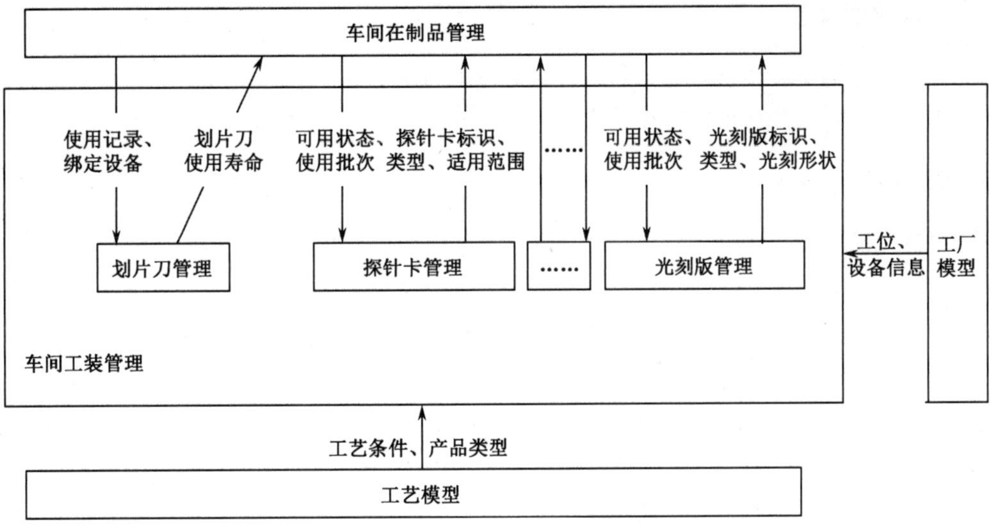

图 10　车间工装管理功能模型

7.7.2.2　使用日志

记录工装的使用情况和使用次数。

7.7.3　工装特性管理

特性管理主要针对工装本身的特点和使用特点进行管理。

7.7.3.1　划片刀设备绑定

对划片刀与理解设备的绑定关系进行管理，主要包括安装时间、划片刀供应商编号、供应商名称等信息。

7.7.3.2　探针卡标识管理

标识管理记录探针卡的供应商信息、供应商批号、探针使用寿命、探针类型，以及分配本系统标识等信息。

7.7.3.3　光刻版标识管理

标识管理记录每块光刻版的供应商信息、供应商编号、报废条件、使用说明、本系统标识和光刻形状说明等。

7.7.3.4　光刻版存储管理

记录光刻版的存储位置、光刻版标识、存储时长等信息。根据光刻版标识可以快速定位查找到所在位置信息。

7.8　环境监测管理

7.8.1　温湿度监测

7.8.1.1　工区温湿度监测

周期性采集每个工区的温湿度，当出现异常时，产生报警事件并进行报警处理。

7.8.1.2 工区温湿度日志

周期性记录工区温湿度情况。通过日志，可以获取任意工区、任意时间的温湿度信息，当生产质量出现问题时，可以查看当时的温湿度情况，辅助分析。

7.8.2 洁净度监测

7.8.2.1 洁净度等级配置

对工区洁净度进行分级管理，并按工艺要求，对每个工区进行洁净度等级配置。

7.8.2.2 洁净度记录分析

周期性采集每个工区的洁净度，并针对工区的洁净度历史记录数据进行统计分析。

8 系统集成要求

8.1 设备集成与控制

芯片式传感器数字化车间一般要求管控系统与主要生产设备、检测设备、监控系统进行集成与控制，应具有数据采集与指令下达双向通信能力。需要集成与控制的生产设备一般包括 PECVD、光刻机、涂胶机、显影机、封管真空机组、蒸发台、减薄机、粘片机、合金炉、划片解理机、晶片扩张机、清洗台等；检测设备一般包括显微镜、台阶仪、椭偏仪、雪崩特性测试台、半导体管特性图示仪等；监控系统一般包括视频监控、按灯系统等。

有关典型工艺设备的数据采集内容可参见附录 B。

8.2 系统集成

芯片式传感器数字化车间管控系统应具有和上层管理系统集成的能力，管控系统起到集线器的作用，相当于一个通信工具为其他应用系统提供生产现场的实时数据。例如，ERP 系统一般需要管控系统提供的成本、制造周期和预计产出时间等实时生产数据。另一方面，管控系统也要从其他管理系统中获取相关的数据，以保证其自身的正常运行。例如，管控系统中进行生产调度的数据来自 ERP 系统的计划数据。

8.3 数据存储要求

芯片式传感器数字化车间管控系统与设备、上层系统集成的数据，应根据应用要求不同存储在关系、实时历史等数据库中，且关系数据库中应根据数据集成频率、数据量大小制定合理的数据备份与数据转存机制，保证满足管控系统应用功能模块对数据的访问效率及数据安全等要求；对于与设备集成的数据，由于数据采集频率高、数据量大，因此一般将此类数据压缩存储在实时历史数据库中。

附录 A
（资料性附录）
数字化生产模型

A.1　车间模型要素结构关系（见图 A.1）

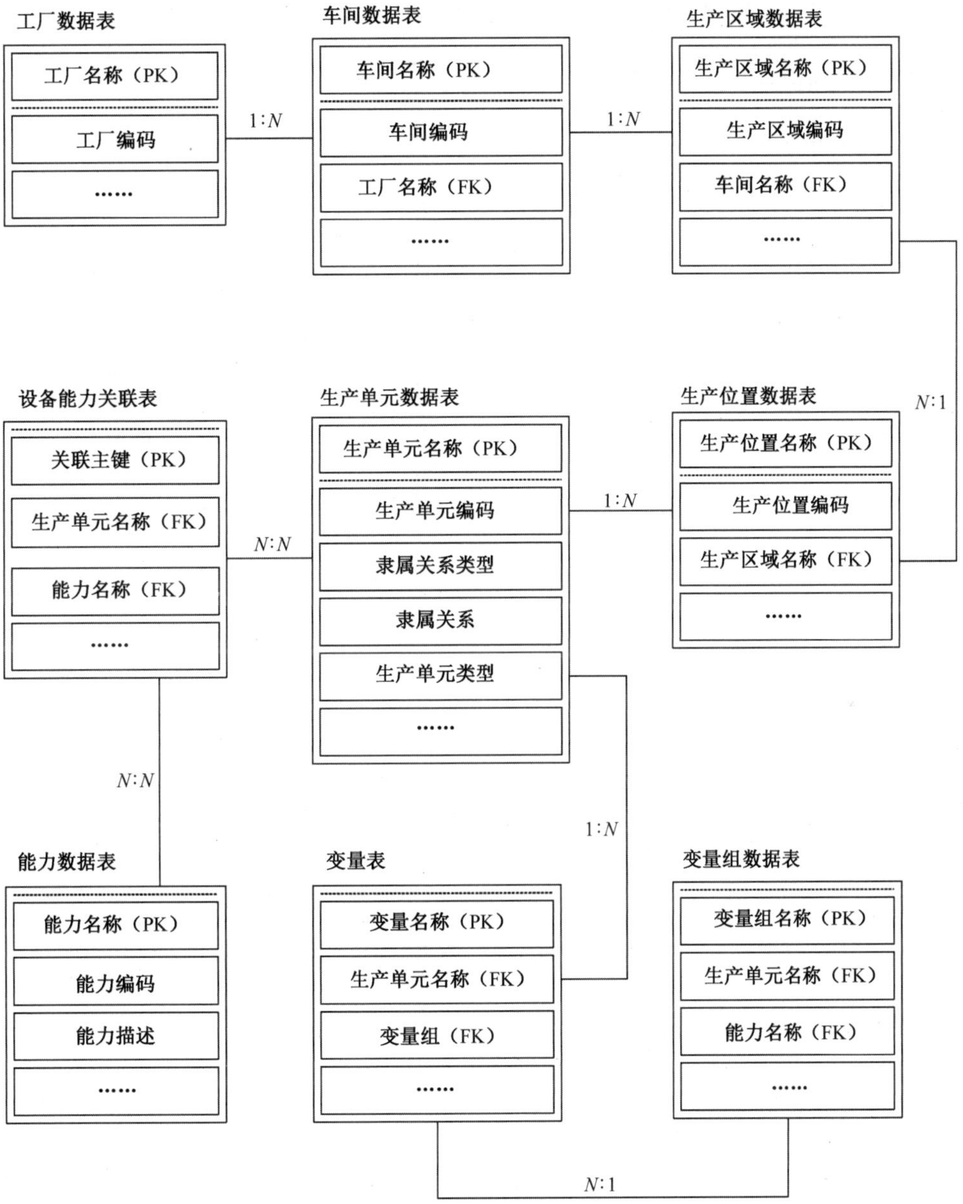

图 A.1　车间模型要素结构关系

A.2 产品模型要素结构关系（见图 A.2）

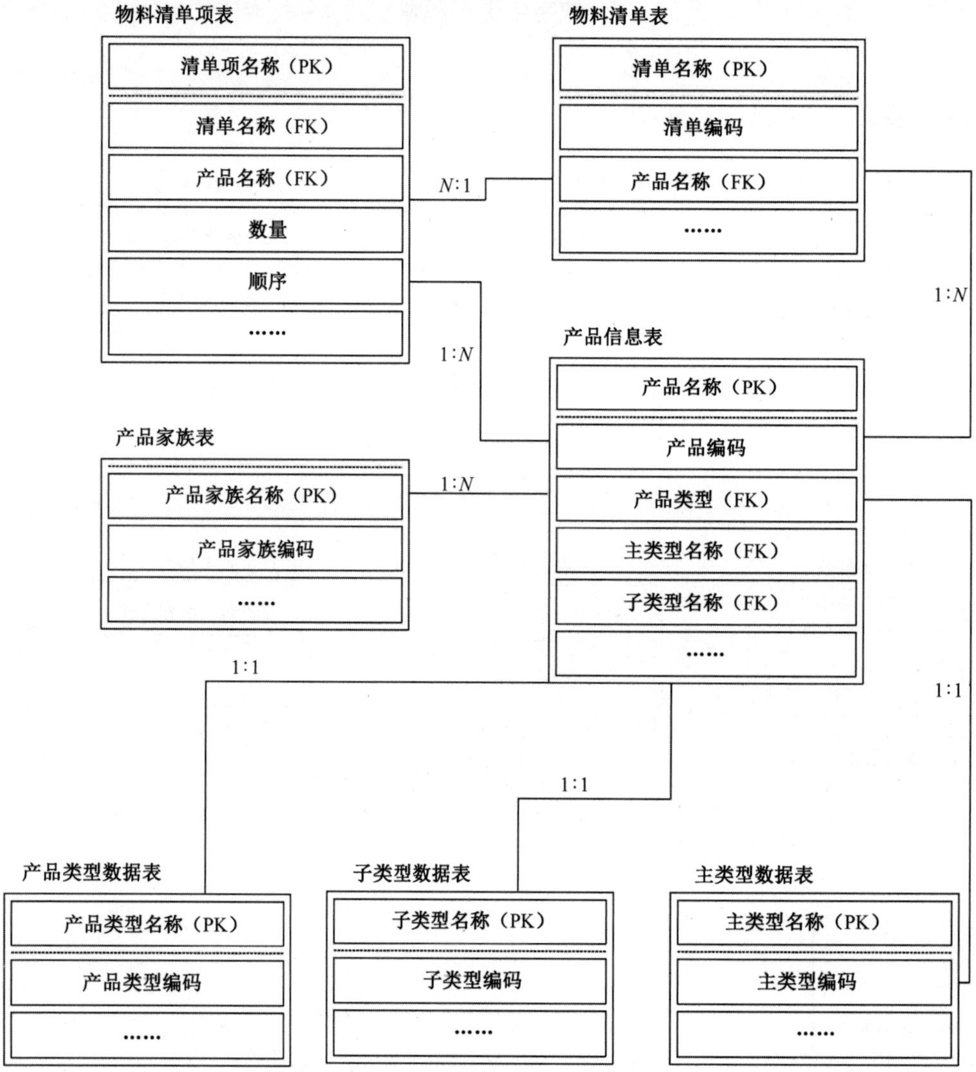

图 A.2 产品模型要素结构关系

A.3　工艺模型要素结构关系（见图 A.3）

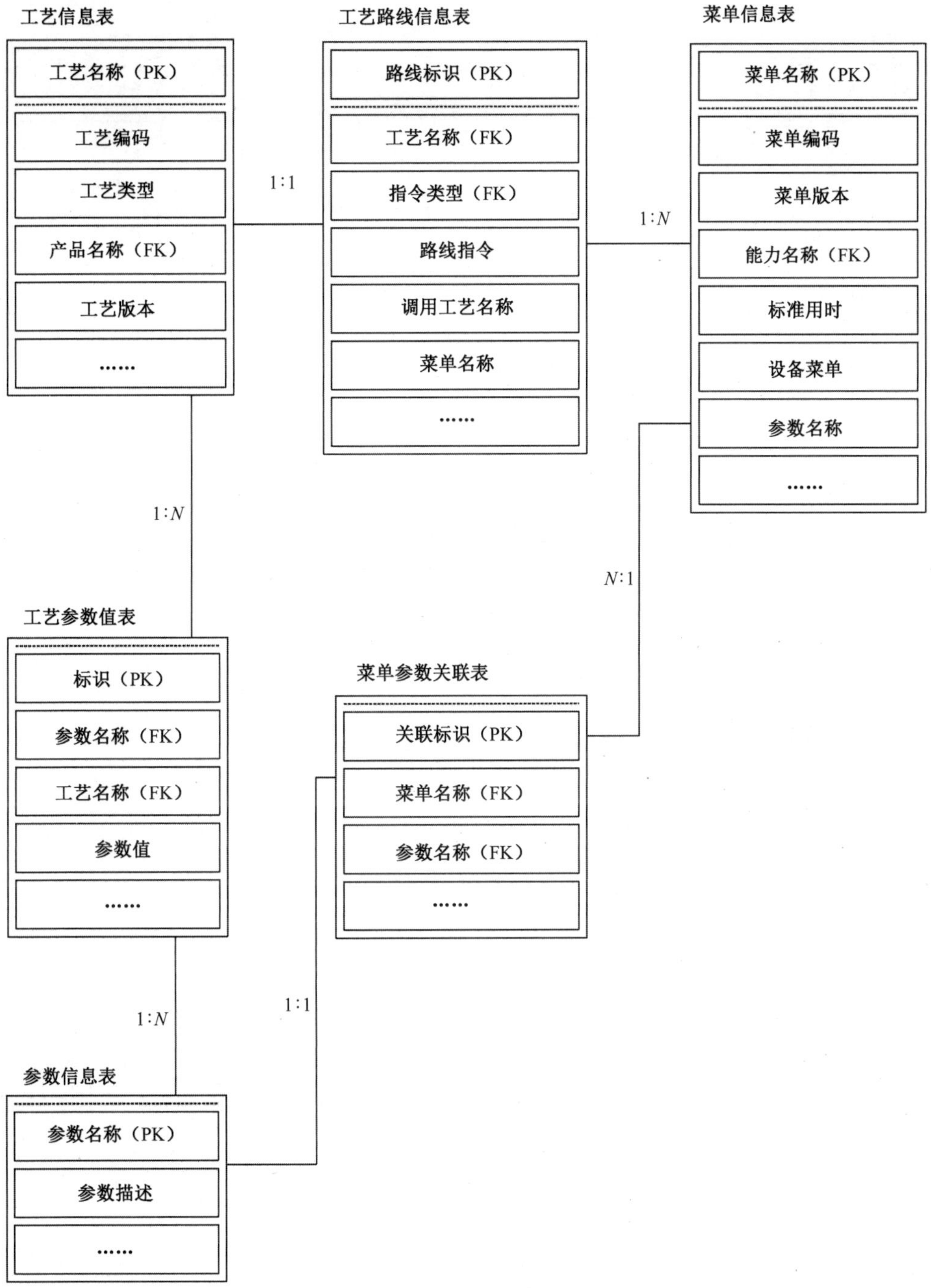

图 A.3　工艺模型要素结构关系

A.4 事件模型要素结构关系（见图 A.4）

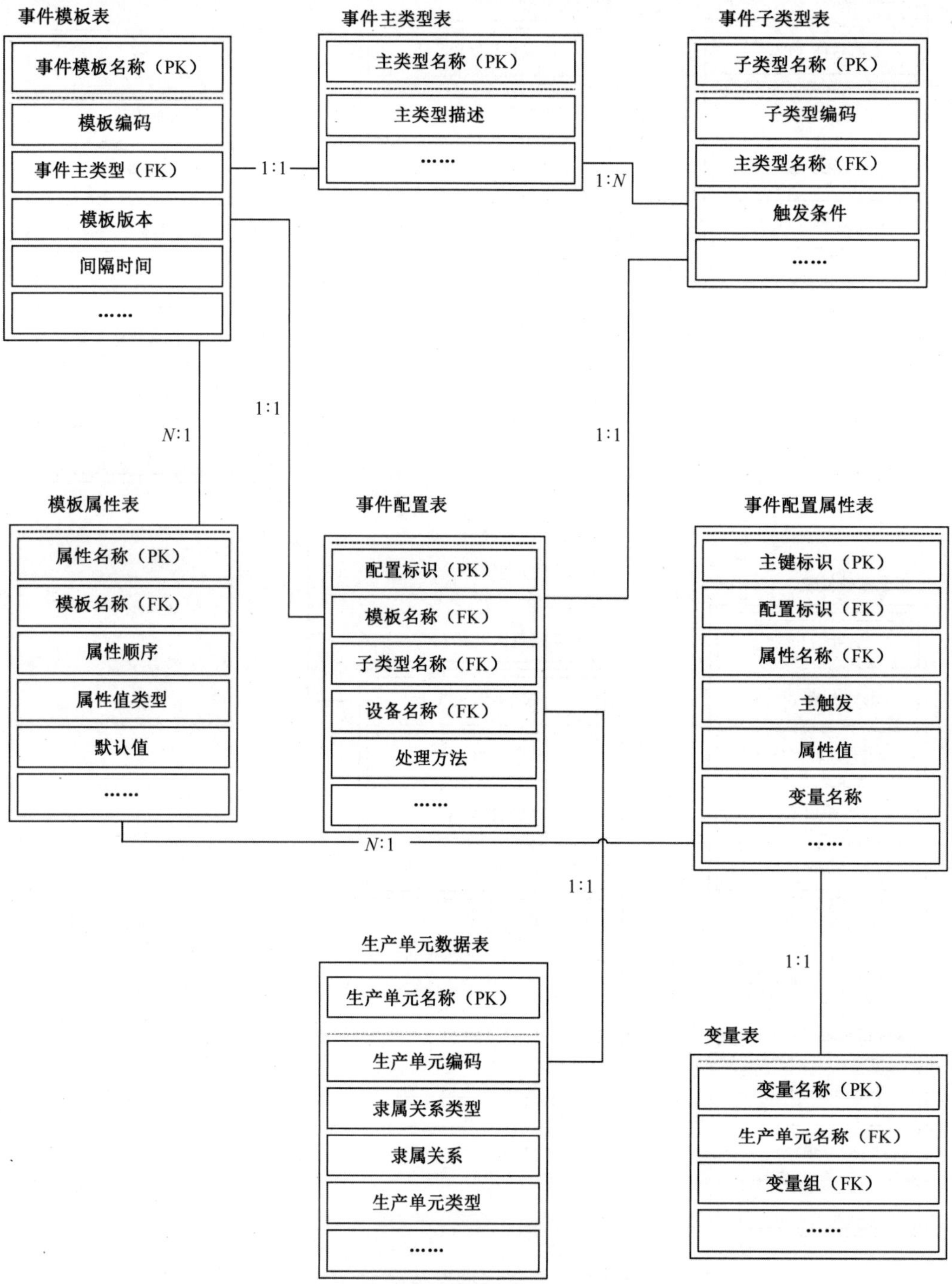

图 A.4　事件模型要素结构关系

附录 B
（资料性附录）
典型工艺设备数据采集

B.1　典型工艺流程（见图 B.1）

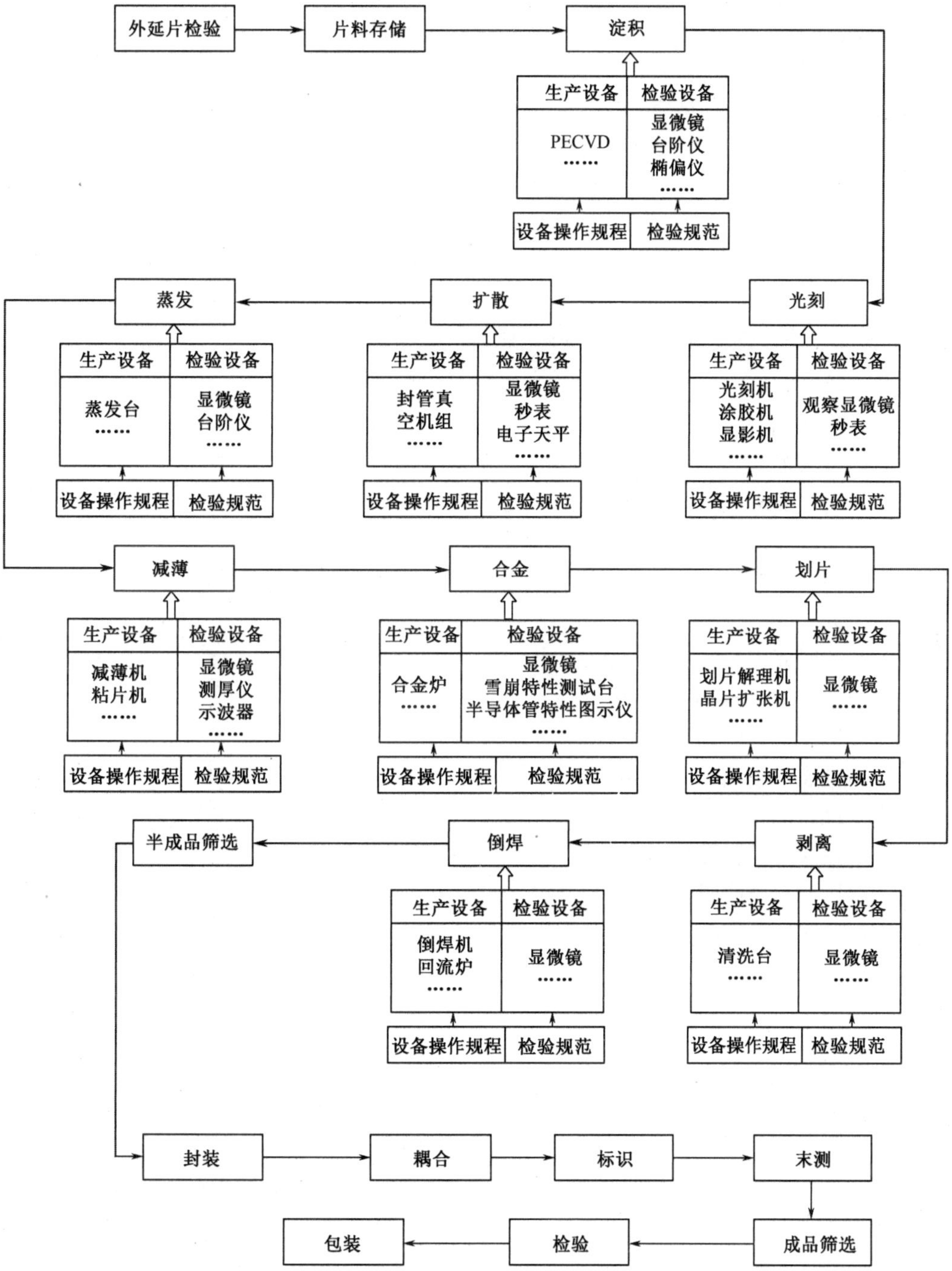

图 B.1　典型工艺流程

B.2 典型生产设备数据采集

B.2.1 PECVD

PECVD 为淀积工艺过程的设备，生产过程中需要采集的参数包括：
—— 工艺开始时间；
—— 真空预抽时间（h）；
—— 恒温度（℃）；
—— 恒温度时间（h）；
—— 刻蚀清洗时间（min）；
—— 已淀积厚度（μm）；
—— 预淀积厚度（μm）；
—— 折射率验证；
—— 工艺结束时间。

B.2.2 光刻机

光刻机为光刻工艺过程的设备，生产过程中需要采集的参数包括：
—— 工艺开始时间；
—— 烘烤时间（min）；
—— 坚膜温度（℃）；
—— 坚膜时间（min）；
—— 打胶功率（W）；
—— 打胶时间（s）；
—— 打胶尺寸（μm）；
—— 腐蚀配置时间；
—— 腐蚀恒温时间（min）；
—— 一次腐蚀腐前坚膜温度（℃）；
—— 一次腐蚀腐前坚膜时间（min）；
—— 一次腐蚀时间（s）；
—— 二次腐蚀腐前坚膜温度（℃）；
—— 二次腐蚀腐前坚膜时间（min）；
—— 二次腐蚀时间（s）；
—— 总腐蚀时间（s）；
—— 腐蚀次数；
—— 去胶温度（℃）；
—— 去胶浸泡时间（min）；
—— 去胶冲水时间（min）；
—— 工艺结束时间。

B.2.3 涂胶机

涂胶机为光刻工艺过程的设备，生产过程中需要采集的参数包括：
—— 匀胶转速（rpm）；
—— 涂胶转速（rpm）；

—— 前烘温度（℃）。

B.2.4　显影机

显影机为光刻工艺过程的设备，生产过程中需要采集的参数包括：

—— 曝光方式；
—— 曝光光强（mW/cm^2）；
—— 曝光时间（s）；
—— 显影方式；
—— 显影转速（rpm）；
—— 显影时间（s）；
—— 冲水时间（s）；
—— 冲水转速（rpm）；
—— 甩干时间（s）。

B.2.5　封管真空机组

封管真空机组为扩散工艺过程的设备，生产过程中需要采集的参数包括：

—— 工艺开始时间；
—— 晶片水冲洗时间（min）；
—— 晶片烘干时间（min）；
—— 晶片烘烤时间（min）；
—— 晶片封前存放时间（min）；
—— 封管机预抽真空（Pa）；
—— 预抽时间（min）；
—— 扩散炉恒温时间（min）；
—— 石英管长度（cm）；
—— 打胶尺寸（μm）；
—— 抽真空时间（min）；
—— 封管真空度（Pa）；
—— 扩散源量（mg）；
—— 扩散温度（℃）；
—— 扩散时间（min）；
—— 晶片扩散后水洗时间（min）；
—— 晶片扩散后烘干时间（min）；
—— 工艺结束时间。

B.2.6　蒸发台

蒸发台为蒸发工艺过程的设备，生产过程中需要采集的参数包括：

—— 工艺开始时间；
—— 晶片水冲洗时间（min）；
—— 晶片烘干时间（min）；
—— 预抽真空时间（min）；
—— 真空度；
—— 晶振寿命；

—— 衬底加热真空度（Pa）；
—— 衬底加热温度（℃）；
—— 衬底加热电流（mA）；
—— 衬底加热时间（min）；
—— 衬底加热速率（Å/s）；
—— 衬底加热显示厚度（kÅ）；
——A 蒸发真空度（Pa）；
——A 蒸发温度（℃）；
——A 蒸发电流（mA）；
——A 蒸发时间（min）；
——A 蒸发速率（Å/s）；
——A 蒸发显示厚度（kÅ）；
——B 蒸发真空度（Pa）；
——B 蒸发温度（℃）；
——B 蒸发电流（mA）；
——B 蒸发时间（min）；
——B 蒸发速率（Å/s）；
——B 蒸发显示厚度（kÅ）；
—— 工艺结束时间。

B.2.7 减薄机

减薄机为减薄工艺过程的设备，生产过程中需要采集的参数包括：
—— 工艺开始时间；
—— 压力（Pa）；
—— 转速（rpm）；
—— 滴速；
—— 摆幅；
—— 晶片平整度（μm）；
—— 晶片厚度（μm）；
—— 工艺结束时间。

B.2.8 粘片机

粘片机为减薄工艺过程的设备，生产过程中需要采集的参数包括：
—— 工艺开始时间；
——A 温度（℃）；
—— 浸润温度（℃）；
—— 浸润时间（min）；
——B 压力（bar）；
—— 粘接温度（℃）；
—— 粘接时间（min）；
—— 真空度（mbar）；
—— 粘片平整度（μm）；
—— 初始厚度（μm）；

—— 粘片厚度（μm）。

B.2.9　合金炉

合金炉为合金工艺过程的设备，生产过程中需要采集的参数包括：

—— 工艺开始时间；
—— 氮气流量（L/min）；
—— 排气时间（min）；
—— 升温时间（min）；
—— 合金温度（℃）；
—— 合金时间（s）；
—— 工艺结束时间。

B.2.10　划片解理机

划片解理机为划片工艺过程的设备，生产过程中需要采集的参数包括：

—— 工艺开始时间；
—— 金刚刀已使用时间（片次）；
—— 滚轮已使用时间（片次）；
—— 金刚刀压力（psi）；
—— 滚轮压力（psi）；
—— 划痕宽度（μm）；
—— 设置步进（μm）；
—— 工艺结束时间。

B.2.11　晶片扩张机

晶片扩张机为划片工艺过程的设备，生产过程中需要采集的参数包括：

—— 扩片温度（℃）；
—— 扩片间距（μm）。

B.2.12　清洗台

清洗台为剥离工艺过程的设备，生产过程中需要采集的参数包括：

—— 工艺开始时间；
—— 实际剔除边缘管芯排数圆弧边（排）；
—— 实际剔除边缘管芯排数直边（排）；
—— 工艺结束时间。

B.3　典型检测设备数据采集

B.3.1　淀积工艺检测

淀积工艺过程自检参数包括：

—— 表面颗粒；
—— 折射率；
—— 淀积厚度（μm）。

B.3.2 光刻工艺检测

光刻工艺过程自检参数包括：
—— 表面颗粒；
—— 接触环宽（μm）；
—— 环线宽（μm）。

B.3.3 扩散工艺检测

扩散工艺过程自检参数包括：
—— 击穿电压 V_B（V）；
—— 暗电流 I_D（nA）。

B.3.4 蒸发工艺检测

蒸发工艺过程自检参数包括：
——A 厚度（Å）；
——B 厚度（μm）。

B.3.5 减薄工艺检测

减薄工艺过程自检参数包括：
—— 晶片厚度（μm）。

B.3.6 合金工艺检测

合金工艺过程自检参数包括：
—— 正向压降 V_F（V）；
—— 暗电流 I_D（A）。

成果二

芯片式传感器数字化车间
第 2 部分：安全要求与评估方法

引　言

标准解决的问题：

本标准规定了芯片式传感器数字化车间信息安全和功能安全的一般原则与方法，包括安全的要求、安全评估以及风险降低的措施。

标准的适用对象：

本标准适用于芯片式传感器数字化车间的规划、建设、运行和改造。

专项承担研究单位：

中国科学院沈阳自动化研究所。

专项参研联合单位：

机械工业仪器仪表综合技术经济研究所、中电科技集团重庆声光电有限公司。

专项参加起草单位：

中国科学院沈阳自动化研究所、机械工业仪器仪表综合技术经济研究所、中电科技集团重庆声光电有限公司。

专项参研人员：

徐皑冬、尚文利、赵剑明、闫炳均、史海波、宋宏、李歆、张华、赵文柏。

芯片式传感器数字化车间　第 2 部分：安全要求与评估方法

1　范围

本标准规定了芯片式传感器数字化车间信息安全和功能安全的一般原则与方法，包括安全的要求、安全评估以及风险降低的措施，适用于芯片式传感器数字化车间的规划、建设、运行和改造。标准包括两个部分：

a）信息安全；

b）功能安全。

2　规范性引用文件

下列文件对于本文件的应用是必不可少的。凡是注日期的引用文件，仅所注日期的版本适用于本文件。凡是不注日期的引用文件，其最新版本适用于本文件。

GB/T 30976.1—2014　工业控制系统信息安全　第 1 部分：评估规范

GB/T 32919—2016　信息安全技术　工业控制系统安全　控制应用指南

GB/T ×××××　数字化车间信息安全要求

GB/T 20818.1—2015　工业过程测量和控制　过程设备目录中的数据结构和元素　第 1 部分：带模拟量和数字量输出的测量设备

GB/Z 32235—2015　工业过程测量、控制和自动化　生产设施表示用参考模型（数字工厂）

GB 50781—2012　电子工厂化学品系统工程技术规范

IEC 62443—1-1　工业通信网络　网络和系统安全　第 1-1 部分：术语、概念和模型

GB 50073—2013　洁净厂房设计规范

GB 50493—2009　石油化工可燃气体和有毒气体检测报警设计规范

GB 28526—2012　机械电气安全　安全相关电气、电子和可编程电子控制系统的功能安全

GB/T 20438.1—2006　电气电子可编程电子安全相关系统的功能安全　第 1 部分：一般要求

GB/T 16855.1—2008　机械安全控制系统有关安全部件　第 1 部分：设计通则

GB/T 13861—2009　生产过程和危害因素分类与代码

GB/T 30574—2014　机械安全　安全防护的实施准则

GB 5226.1—2008　机械电气安全　机械电气设备　第 1 部分：通用技术条件

GB/T 19436.1—2013　机械电气安全　电敏保护设备　第 1 部分：一般要求和试验

GB/T 15706—2012　机械安全　设计通则　风险评估与风险减小

GB 50058—2014　爆炸危险环境电力装置设计规范

GB 18218—2014　危险化学品重大危险源辨识

GB 50316—2010　工业金属管道设计规范

3 术语与定义

为便于本标准的理解列出了本标准使用的术语，本标准的术语大多引用自其他标准的术语，引用自其他标准的术语在术语定义后进行了说明，有些术语是基于国际标准化组织（ISO）、国际电工委员会（IEC）的标准，有时会做少量修正以增强针对性。

GB/T 25069—2010、GB/T 30976.1—2014、GB/T 32919—2016、GB 50073—2013、GB 50493—2009确立的以及下列术语和定义适用于本文件。

3.1 安全 safety

不存在不可接受的风险。

[GB/T 30976.1—2014，定义 3.1.13]

3.2 信息安全 security

a）保护系统所采取的措施；

b）由建立和维护保护系统的措施而产生的系统状态；

c）能够免于非授权访问和非授权或意外的变更、破坏或者损失的系统资源的状态；

d）基于系统的能力，能够提供充分的把握使非授权人员和系统既无法修改软件及其数据，也无法访问系统能力，却保证授权人员和系统不被阻止；

e）防止对工业自动化和控制系统的非法或者有害的入侵，或者干扰其正确和计划的操作。

[GB/T 30976.1—2014，修改定义 3.1.14]

3.3 功能安全 functional safety

机器及机器控制系统的部分安全性依赖于安全相关电气控制系统、其他技术的安全相关系统，以及外部危险降低设施的正确运转。

[GB 28526—2012，定义 3.2.9]

3.4 芯片式传感器数字化车间信息安全 digital shop floor security of chip sensor

保护芯片式传感器数字化车间系统所需的信息安全要求，达到安全、机密、稳定运行的目的。

3.5 风险 risk

综合表示出现危害的概率和该危害的程度。

[GB 28526—2012，定义 3.2.13]

3.6 风险分析 risk analysis

系统地使用信息来识别风险来源和估计风险。

[GB/T 30976.1—2014，定义 3.1.8]

3.7 纵深防御 defence in depth

提供多层安全保护措施，使攻击在突破一个层次安全保护后，还有另一个层次安全保护起作用，增加入侵难度。

[IEC 62443-1-1，修改定义 3.2.40]

3.8　安全功能　safety function

针对特定的危险事件，其失效会立即造成风险增加的机器功能。

[GB 28526—2012，定义 3.2.15]

3.9　防护措施　protective measure

降低风险的措施。

[GB/T 30976.1—2014，定义 3.1.12]

3.10　洁净室　clean room

空气悬浮粒子受控的房间。它的建造和使用应减少室内诱入、产生及滞留的粒子。室内其他有关参数如温度、湿度、压力等按要求进行控制。

[GB 50073—2013，定义 2.0.1]

4　缩略语

EHS：环境、健康、安全（Environmental Health Safety）

ERP：企业资源规划（Enterprise Resource Planning）

EMO：紧急制动按钮（Emergency Mechanical Off）

FMEA：失效模式及后果分析（Failure Mode and Effects Analysis）

LEL：指爆炸下限（Lower Explosion Limited）

MES：制造执行系统（Manufacturing Execution System）

OEE：整体设备效率（Overall Equipment Effectiveness）

OEL：职业接触限值（Occupational Exposure Limit）

PECVD：等离子体增强化学气相沉积法（Plasma Enhanced Chemical Vapor Deposition）

SPC：统计过程控制（Statistical Process Control）

SQC：统计质量控制（Statistical Quality Control）

5　信息安全部分

5.1　总则

芯片式传感器数字化车间重点涵盖产品生产制造过程。芯片式传感器数字化车间网络架构如图 1 所示，主要分为数字化管控层和数字化装备层两个层次，数字化装备层和数字化管控层间通过相应的集成接口实现数据交换。

数字化管控层：实现服务器、工作站、移动终端等信息设备的网络连接。

数字化装备层：实现生产设备、检测设备、PLC 等控制单元、监控终端的网络连接。

注：图 1 参考引用自《芯片式传感器数字化车间　第 1 部分：通用技术要求》的图 3。

附录 A 中对芯片式传感器数字化车间信息安全要求在数字化装备层和数字化管控层两个层次进行了划分及归类。

5.2　芯片式传感器数字化车间信息安全要求

本标准的总体要求是针对芯片式传感器数字化车间整体的安全性和防护水平提出的安全要求。本标准中规定的每一种安全要素划分为 3 个等级：基本要求、加强要求、深度加强要求。等级原则上向下兼容，即加强要求应包括基本要求和加强要求；深度加强要求包括基本要求、加强要求以及深度加强要求。

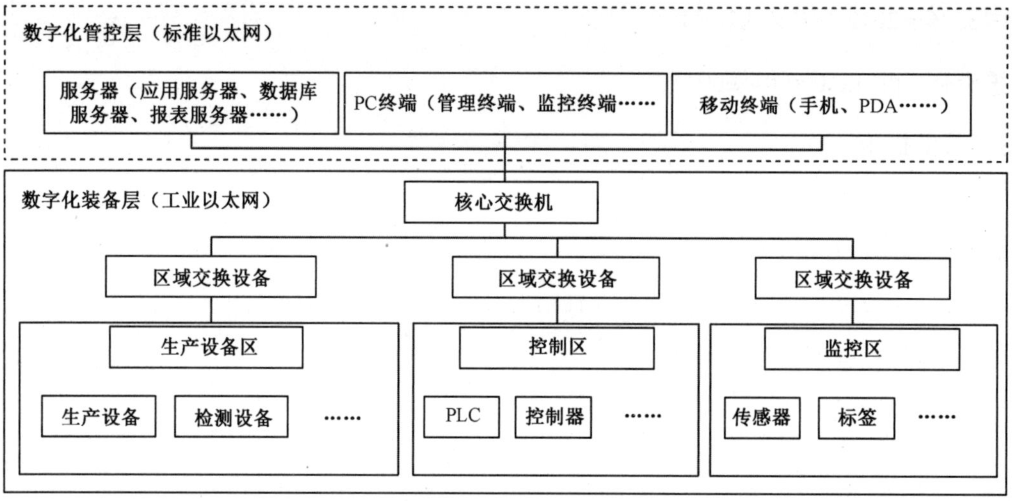

图 1　芯片式传感器数字化车间网络架构

5.2.1　物理访问控制

a）对数字化装备区设备操作应进行控制，并指定操作人员与操作责任。

b）见 GB/T ×××××《数字化车间信息安全要求》的 5.6 节。

注：原文如下。

物理访问控制基本要求包括：

1）数字化车间出入口应对进出的人员进行控制、鉴别和记录；

2）应对数字化车间划分区域进行管理，必要时，区域和区域之间应物理隔离；

3）重要区域应控制、鉴别和记录进出的人员；

4）外部人员不允许携带任何导致泄密的电子设备如手机、相机、电子记录仪；

5）内部人员携带物品应遵循企业自己的规章；

6）物理视频监控。

5.2.2　信息安全管理

芯片式传感器数字化车间应具有信息安全管理制度，依据业务要求和相关法律法规提供管理指导，并采取有效的措施进行评估、分析和改进，以满足数字化车间信息安全管理的要求。制度和规范应包括以下几个部分：

a）信息安全管理方针，见 GB/T ×××××《数字化车间信息安全要求》的 6.2 节。

b）识别、分析和评价安全风险，见 GB/T ×××××《数字化车间信息安全要求》的 6.3 节。

c）安全管理目标，见 GB/T ×××××《数字化车间信息安全要求》的 6.4 节。

d）管理职责，见 GB/T ×××××《数字化车间信息安全要求》的 6.5 节。

e）风险处置计划、实施，见 GB/T ×××××《数字化车间信息安全要求》的 6.6 节。

f）监视和评审信息安全管理的有效性，见 GB/T ×××××《数字化车间信息安全要求》的 6.7 节。

g）保持和改进，见 GB/T ×××××《数字化车间信息安全要求》的 6.8 节。

5.2.3　区域划分

5.2.3.1　基本要求

a）芯片式传感器数据化车间应将数字化管控层与数字化装备层进行逻辑分区，将生产设备区、控制区、监控区进行逻辑分区。

b）数字化装备层各区域网段应相互隔离，原则上不直接连接在一起，且不同类控制系统应分配不同的网段地址。

c）应将数字化管控层与外部网络进行逻辑分区。

5.2.3.2　加强要求

a）各数据采集系统不应直接连接在同一个网络上。

b）应根据数字化管控层中各系统的功能、所涉及控制系统信息的重要程度，以及各系统之间的关联程度等因素，对网络进行子网划分，并以方便管理和控制为原则为各网段分配地址。

5.2.4　访问控制

5.2.4.1　基本要求

a）应在数字化管控层向上部署边界隔离能力，隔离企业管理网，对访问控制源地址、目的地址、源端口、目的端口和协议等项目进行检查，以允许/拒绝数据包的出入。

b）应在数字化管控层向下部署边界隔离能力，隔离作业执行层，对访问控制源地址、目的地址、源端口、目的端口和协议等项目进行检查，以允许/拒绝数据包的出入。

5.2.4.2　加强要求

a）对数字化装备层各区域网段应部署访问控制能力装置，对于数字化加工装备区和数字化物流装备区的访问控制能力一般以双向为主，数字化检测装备区一般以单向为主。

b）应对接入数字化装备层的终端真实性进行 MAC 绑定控制。

c）见 GB/T ×××××《数字化车间信息安全要求》的 7.2.2 节的 c）。

d）数字化装备层的访问控制能力应符合特定装备的延时需求（如磁控溅射台、电子束蒸发台、光刻机等应达到 ms 级）。

5.2.5　异常监测

5.2.5.1　基本要求

a）应在数字化管控层向上部署异常监测能力，能够监视边界处的常见网络攻击行为，并能够在检测到攻击行为时记录，并进行报警。

b）数字化管控层的服务器、终端等重要系统应具有进程监测能力，并对监测到的异常进程进行报警。

5.2.5.2　加强要求

应在数字化管控层向下部署异常监测能力，能够监测特有的工业异常行为，并能够在检测到攻击行为时记录，并进行报警。

5.2.6 身份鉴别与认证

5.2.6.1 基本要求

a）数字化管控层应提供用户身份登录认证功能，并提供用户身份信息修改、添加、删除等操作功能日志。

b）应提供用户身份认证反馈功能，将身份认证结果向用户反馈。

c）见 GB/T ×××××《数字化车间信息安全要求》的 7.3.1 节的 c）。

5.2.6.2 加强要求

a）用户身份鉴别信息应具有不易被冒用的特点，口令应有复杂度要求。

b）如有必要，系统可采用更高级的身份鉴别方式（如认证卡、指纹等方式）登录系统。

c）见 GB/T ×××××《数字化车间信息安全要求》的 7.3.2 节的 c）。

5.2.7 安全审计

5.2.7.1 基本要求

a）应对数字化设备运行状况、网络流量进行审计。

b）见 GB/T 32919—2016《信息安全技术　工业控制系统安全控制应用指南》的 B.5 节附加指导 b）。

5.2.7.2 加强要求

应对审计记录进行保护，保证无法单独中断审计进程，无法删除、修改和覆盖审计记录。

5.2.8 资源控制

5.2.8.1 基本要求

a）应能够监视数字化装备层网络接口处的网络流量、连接数等网络资源信息。

b）应能够监视数字化管控层的网络流量、连接数等网络资源信息。

c）数字化管控层应提供检测和一定程度上防范 DoS 事件发生的能力。

5.2.8.2 加强要求

a）应通过设定终端接入方式、网络地址范围等条件限制终端登录。

b）见 GB/T ×××××《数字化车间信息安全要求》的 7.5.2 节的 c）。

c）见 GB/T ×××××《数字化车间信息安全要求》的 7.5.2 节的 d）。

5.2.9 数据安全

5.2.9.1 基本要求

a）应能够检测关键通信数据完整性是否受到破坏。

b）如果必要，应提供数字化装备层与数字化管控层通信的加密能力。

5.2.9.2 加强要求

a）应能够检测通信数据完整性是否受到破坏。

b）如果必要，应分别提供数字化装备层各区域与数字化管控层通信的加密能力。

5.2.10 使用控制

5.2.10.1 基本要求

a）应提供针对用户操作行为的授权验证功能，如读写数据、下载程序、设置配置等行为。

b）应控制使用便携式和移动设备。

c）关键数字化装备区生产控制系统（包括薄膜、光刻、扩散、减薄、蒸发、合金、划片、烧焊核心生产装置等）应具备安全进程启动控制。

5.2.10.2 加强要求

a）应对关键装置中的关键执行机构的操作行为进行限制。

b）见 GB/T ×××××《数字化车间信息安全要求》的 7.4.2 节的 b）。

5.2.10.3 深度加强要求

在安全区域间增加安全连接控制功能，建立区域安全访问路径，对各安全区域之间的访问进行连接控制。

5.3 芯片式传感器数字化车间信息安全评估方法

5.3.1 评估等级划分

用信息安全等级（Security Level，SL）来表示不同风险，根据 SL 来确定组织机构的整体安全策略和相应的技术防御措施。

如果风险计算值在可接受的范围内，则该风险是可接受的，即残余风险在系统允许风险之内说明系统是健壮的，应保持已有的安全措施；如果风险评估值在可接受的范围外，但是低于不可接受范围的下限值，则该风险需要降低安全措施并控制风险到可接受的程度；如果评估的风险从经济、健康、安全和环境方面进行评估后发现风险是不可接受的，那么就要对现有的系统重新设计信息安全程序。

5.3.2 评估工作

芯片式传感器数字化车间的信息安全评估分为 4 个阶段，具体见 GB/T 30976.1—2014《工业控制系统信息安全 第 1 部分：评估规范》的第 8 章。

注：参考 GB/T 30976.1—2014 《工业控制系统信息安全　第 1 部分：评估规范》第 8 章内容，对安全评估阶段进行总结，如需了解详细内容，可查阅 GB/T 30976.1—2014 中的详细规定。第一阶段为规划阶段，确定评估目的；第二阶段为评估设计；第三阶段为评估的实施；第四阶段为编写评估报告。

5.3.3 评估方法

确定某种评估方法一般要进行以下 4 个步骤：

a）筛选，确定适用于机构要求的理想方法。

b）选择，根据机构要求从若干可用的评估方法中选取适用的方法。

c）验证，此步骤是可选的。

d）确定，根据评估的对象确定评估方法。

一般可选择的评估方法定义如下：

a）基于场景和基于资产的风险评估。基于资产的方法倾向于利用组织机构对系统、工作方法和能够对经济产生影响的特殊资产的认识。

b）高层次风险评估。高层次风险评估过程需要通过风险分析会议聚集利益关系者的意见，也需要利用商业后果，这些应在经营理念中阐述。风险分析会议中的文件应列举一些场景，这些场景应描述一个特定的威胁是怎样利用特定的漏洞来造成经济损失和负面的商业影响，同时确定后果等级标准和抗风险等级优先顺序。

注：高层次风险评估方法阐明了运用工业控制系统产生的个别风险的性质，这需要从根本上选择最有效的方法和分析配置的成本。

c）详细风险评估。详细风险评估集中在个别网络和设备，同时要考虑具体的财产上的技术漏洞评估和现有政策的有效性；组织机构将会收集足够的关于芯片式传感器数字化车间的信息，允许对信息做优先级排序，决定对哪些信息优先做具体漏洞和风险评估分析。

d）定性和定量风险评估。定性风险评估以有经验的雇员或者专家的意见，提供关于特定风险影响特定资产的可能性和严重性的信息；定量风险评估以资产影响的可能性为依据，对特定资产损害影响进行定量评估。

6 功能安全部分

6.1 总则

芯片式传感器制造数字化车间不仅含有大量自动化机械装备，还存在大量的危险化学品、易燃易爆气体和压力容器，因此，对车间运行中的安全性要求较高。

6.1.1 目的

芯片式传感器数字化车间功能安全能够对车间中的危险和风险进行辨识，并根据辨识的结果进行评估和评价，针对不可接受的风险给出降低风险的措施和方法，保证数字化车间的运行安全性。

6.1.2 标准范围

本标准针对芯片式传感器数字化车间的基础层设备和设施，提出功能安全的具体需求。

注：本部分参考《数字化车间功能安全要求》标准。

6.1.3 标准主要内容

本标准结合功能安全的理论和方法，开展针对芯片式传感器数字化车间的风险评估和安全功能的分配，其中：风险评估包括危险的识别、风险的估计和风险的评价；安全功能的分配针对识别的危险源，结合功能安全的理论和方法，给出风险降低的措施。

6.2 功能安全的风险评估

以芯片式传感器数字化车间功能安全为基础，并考虑安全、环境和健康等方面的要求，包括危险识别和风险评估的一般方法。

6.2.1 风险评估目的

芯片式传感器数字化车间功能安全能够对车间中的危险和风险进行识别，并根据识别的结果进行评估和评价，针对不可接受的风险给出降低风险的措施和方法，满足数字化车间风险降低的要求。

6.2.2 风险评估的流程

风险评估用来识别和评价被评估设备潜在的危险，应在芯片式传感器数字化车间的建设前即启动风险评估程序，并在数字化车间重建、设备改造时重新实施。并且，对芯片式传感器数字化车间应定期予以风险评估。

注：GB/T 16856.1—2008《机械安全控制系统有关安全部件　第 1 部分：设计通则》第 4 章，对安全评估阶段进行了总结，如需了解详细内容，可查阅该标准。

图 2 显示了风险评估的基本流程。

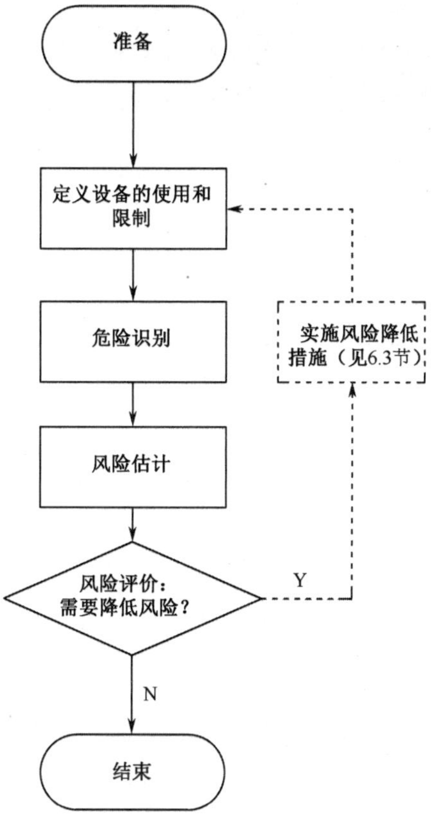

图 2　风险评估的基本流程

6.2.3　危险识别

6.2.3.1　危险识别的内容

在芯片式传感器数字化车间，根据各制造单元的特点，结合数字化车间的制造工艺，全面识别数字化车间中的危险、危险状态、危险事件以及危险的后果。识别的内容包括：

a）识别与数字化车间中单元设备间的所有合理可预见的危险、危险状态和危险事件，以及危险的后果。

b）识别与数字化车间中人员与设备间的所有合理可预见的危险、危险状态和危险事件，以及危险的后果。

c）识别数字化车间在包括调试、运行及维护等不同运行模式下所有可合理预见的危险、危险状态和危险事件。

6.2.3.2　危险源

在芯片式传感器数字化车间中，根据工艺过程分析，可以判断出的主要危险和后果如表 1 所示。

表 1　芯片式传感器数字化车间典型危险

危险	危险事件	后果
碰撞、挤压	人为闯入危险区域	人身伤害
触电	接地失效、设备老化	人身伤害
中毒	有毒气体泄漏、有毒化学品（固态、液体）	人身伤害
腐蚀	腐蚀性气体泄漏、腐蚀性化学品（固态、液体）	人身伤害
窒息	惰性气体泄漏	人身伤害
火灾和爆炸	易燃易爆气体泄漏、易燃化学品（固态、液体）	人身伤害、设备损坏
气罐泄漏	无泄漏保护	人身伤害、设备损坏
通风系统损坏	通风装置失效	人身伤害、产品质量下降
洁净室不达标	洁净室监测不够	产品质量下降
工艺液体温度不达标	温度监测不够	产品质量下降

6.2.4　风险估计

数字化车间在进行危险识别后，应该通过风险评估准则，对每种危险事件进行风险估计。

风险评估依据的内容包括如下几个方面：

a）暴露于危险中的频率和持续时间。

b）暴露期间发生伤害的可能性。

c）暴露期间通过风险降低措施避免伤害的可能性。

风险评估的过程如下：

a）给每一个危险分配一个风险等级，可参考附表 B.1。

b）给每一个危险分配一个可能性等级，可参考附表 B.2。

c）使用风险等级-可能性矩阵识别出全部的风险，可参考附表 B.3。

6.2.5　风险评价

对于芯片式传感器数字化车间中的每个确定的危险事件，考虑现有安全措施的充分性，并确定风险是否可接受。风险评价过程如下：

a）应根据传感器制造企业自身的要求，确定其可容忍的风险。

b）将可容忍风险与风险评价结果进行比较，确定是否采用风险降低措施。

c）选择适当的风险降低措施，如基于机械、液压、气动、可编程电子等技术的风险降低措施，此部分需要配合 6.3 节进行。

6.3　功能安全的风险降低措施

6.3.1　数字化车间风险降低的要求

针对芯片式传感器数字化车间的风险评估结果，对于每一个不能容忍的危险源事件，制定数字化车间所需的安全功能，安全功能不限于：

a）E/E/PE（电气/电子/可编程电子）控制系统保护层安全功能。

b）其他降低风险的保护层安全功能。

6.3.2　数字化车间的安全功能分配

针对芯片式传感器数字化车间的潜在风险，通过安全功能的配置和添加，满足风险要求的最低水平，可以用一种或多种风险降低技术的组合来实现。

6.3.2.1　碰撞、挤压风险降低措施

在芯片式传感器数字化车间，部分工艺涉及人工操作制造设备，可能会导致机械设备对人员的碰撞、挤压风险。

6.3.2.1.1　紧急停止控制

人员操作的设备应配备急停电路，确保急停电路启动时可立即停止加工设备的操作，并停止设备的工作，系统不应自动重置或自行重新启动。

急停电路控制按钮应能使操作人员在操作时便于看见并操作。

6.3.2.1.2　安全防护

人员参与的传感器制造设备，可以通过安全防护的方式监测到人员进入危险区域，实现报警和安全互锁，其防护措施可以是：

a）安全限位装置，包括安全接近开关、光电开关、安全限位开关等。

b）安全门控装置，包括门闩、安全铰链开关等。

c）电敏式保护设备，包括安全光栅、安全光幕等。

6.3.2.1.3　安全互锁

部分传感器制造设备能够对操作人员造成伤害，应安装安全互锁装置，配合防护装置实现对危险的防护，当人员开启设备暴露于风险中时，能够关断制造设备。

6.3.2.2　危险气体的风险降低措施

在芯片式传感器数字化车间，危险气体包括有毒气体、腐蚀性气体、易燃和易爆气体，在生产过程中，气体的泄漏可能造成人员的伤害、火灾和爆炸的发生。

6.3.2.2.1　危险气体监测

芯片式传感器车间内使用危险性气体的设备可能需要连续探测，建议在设备附近设置采样点或是在设备安装手册中标出采样点的位置。如果气体供应是设备的一部分或是由设备控制时，该设备应该能接受外部监测元件发出的信号，并且能关闭气体的供应来源。

针对易燃易爆气体，应遵循：

a）对区域内易形成和积聚易燃、爆炸性气体混合物的地点设置自动测量仪器装置。

b）可燃气体的一级报警（高限）设定值小于或等于 25%LEL；可燃气体的二级报警（高高限）设定值小于或等于 50%LEL，当浓度接近爆炸下限值的 50%LEL 时，应能可靠地发出信号或切断电源。

6.3.2.2.2　排气通风

在芯片式传感器数字化车间中，强制排气可限制有毒气体、燃烧与分解产物的扩散，故能降低数字化车间火灾和中毒危险的发生。

6.3.2.2.3　安全联锁

在芯片式传感器数字化车间中，当侦测到危险气体泄漏时，会进入安全状态，同时安全联锁装置保持安全状态，直至故障排除后由人工复位。安全联锁能够保持安全状态，会关闭气源，通入惰性气体以排除危险气体，通过危险报警进行车间的危险应急响应。

6.3.2.2.4 箱体与屏障

在芯片式传感器数字化车间中，箱体或屏障可将有毒气体和易燃易爆气体与加工区、人员彼此分离，降低气体泄漏导致的人员中毒和火灾的风险。

箱体通常与箱体内的气体浓度传感器和局部排风形成安全联锁，在监测到传感器浓度过高时启动局部排风。

6.3.2.2.5 报警

芯片式传感器数字化车间通过气体监测和气体限值的设定，可实现气体浓度超标时的报警，通过危险报警进行车间的危险应急响应。

6.3.2.3 气体钢瓶泄漏的风险降低措施

6.3.2.3.1 箱体

在芯片式传感器数字化车间中，箱体可将有毒气体和易燃易爆气体与加工区、人员彼此分离，降低气体泄漏导致的人员中毒和火灾的风险。

6.3.2.3.2 钢瓶气体浓度监测

芯片式传感器车间内使用的钢瓶危险气体，应通过气体浓度传感器监测危险气体浓度，在浓度超过限值时进行安全联锁和实现报警。

6.3.2.3.3 钢瓶压力监测

芯片式传感器车间内气体钢瓶在使用过程中，应通过压力传感器监测钢瓶的压力，在压力过高或过低时进行安全联锁和实现报警。

6.3.2.3.4 排气通风

箱体通常与箱体内的气体浓度传感器和局部排风形成安全联锁，在传感器监测到浓度过高时启动局部排风。

6.3.2.3.5 报警

危险气体钢瓶柜中通过气体监测和气体限值的设定，可实现气体浓度超标时的报警，通过危险报警进行车间的危险应急响应。

6.3.2.4 窒息的风险降低措施

芯片式传感器车间内工艺过程会用到惰性气体，惰性气体的泄漏会导致空气中氧气的浓度下降，车间中人员在这种环境下会被伤害。

注：以氮气为例，氮气的浓度高于18%就会造成人员的缺氧，对人体造成伤害，严重时可能导致人员的死亡。

6.3.2.4.1 气体浓度监测

芯片式传感器车间内使用的惰性气体，应通过气体浓度传感器监测气体浓度，在浓度超过限值时进行安全联锁和实现报警，防止气体浓度过高导致人员窒息。

6.3.2.4.2 排气通风

在芯片式传感器数字化车间中，强制排气可限制惰性气体浓度的增加，故能降低数字化车间由于惰性气体浓度过大引起的窒息发生。

6.3.2.4.3 报警

芯片式传感器数字化车间通过气体监测和浓度阈值的设定，可实现气体浓度超标时的自动报警功能，通过危险报警进行车间的危险警示。

6.3.2.5 危险化学品（液体和固体）的风险降低措施

在芯片式传感器数字化车间，危险化学品包括腐蚀性、有毒和易燃化学品（液体和固体），在生产过程中，危险化学品的使用不当可能会造成人员的伤害、火灾和爆炸的发生。

6.3.2.5.1 排气通风

针对腐蚀性、有毒和易燃化学品（液体和固体），对于易挥发的化学品，应该通过排气通风的方式，在化学品的贮存过程中将挥发的气体排出。

6.3.2.5.2 操作规程和存放原则

化学品的存放应按照 GB 15603—1995《常用化学危险品贮存条件》执行，操作规程参见企业的各加工工艺的操作规程。

注：化学品的存放应严格按照 GB 15603—1995 《常用化学危险品贮存条件》，并按照此标准制定相应的企业安全储运及安全操作原则。

6.3.2.6 工艺液体加热系统

工艺液体加热系统可能会由于温度控制不当造成产品质量下降，也有可能会由于温度过高或过低造成人员伤害，通过以下措施能够降低上述风险的发生。

6.3.2.6.1 安全联锁

安全联锁系统与工艺控制用的传感器及相关电路和线圈应分开，但如果安全联锁是失效安全的，则可使用共同的零件。安全联锁装置只作为工艺控制失效时的备份功能，而不是实际上的工艺控制器。

6.3.2.6.2 温度监测

液体过温安全保护用于预防工艺液体达到液体转变为产生潜在危险状态的温度（例如达到沸点、自燃温度或易燃物裂解温度）。

a）联锁装置

液体过温安全保护可以使用独立的安全联锁装置，或者使用经合格测试实验室认证的工艺温度控制器，这种工艺温度控制器同时用于过温保护。

b）液体过温设定点

液体过温设定点由被加热化学品及与液体接触的结构材质的特性决定。通常液体过温设定点的设定可能与安全考察的温度同高。液体最高过温设定温度应使用表 2 做选择。可燃性液体过温设定温度可略高于液体燃点减 10℃，但此时这种液体将被视为易燃性液体。

表 2　过温联锁装置最高设定温度的选择

液体分类	最高过温设定温度
不可燃	沸点
易燃	沸点或自燃温度减 50℃或更低
可燃	燃点减 10℃

c）液体过温传感器

应安装液体过温传感器以精确地监测液体最高温度。

6.3.2.6.3　液位监测

用于防止因失去液体的热吸收能力而造成的失效。应设置低液位安全联锁，用来确认有足够工艺液体量来维持吸收热能。应考察加热液体物理特性、传感器所处环境状态，以及传感器失效模式来选择适合的传感器。

6.3.2.6.4　压力监测

通过压力传感器监测加热容器的压力值，来预防容器因压力或蒸汽产生量过大而破裂。

6.3.2.7　排气通风系统

芯片式传感器数字化车间排气通风设备要定期检测，取样位置应能代表最差状况、实际呼吸区（须排气通风以保护人员的区域），以及潜在火源的位置（须排气通风以降低火灾风险的区域）。

6.3.2.7.1　排气通风的设置

芯片式传感器数字化车间洁净室排气通风应符合下列要求：

a）车间内产生粉尘和有害气体的工艺设备，应设置局部排风。

b）以下情况，局部排风系统应单独设置：

1）排风介质混合后能产生或加剧腐蚀性、毒性、燃烧爆炸危险性和发生交叉污染。

2）排风介质中含有毒性气体。

3）排风介质中含有易燃、易爆气体。

6.3.2.7.2　排气通风的监测

芯片式传感器数字化车间排气通风监测设备，应能监测出排气通风功能完全丧失或降至标准以下；监测出排气通风功能受损后，设备应能自动进入应急安全状态。

6.3.2.7.3　报警

芯片式传感器数字化车间排气通风检测设备，在监测排气通风功能有丧失或不足时，应提供现场声音或视频报警，并能够将报警信号提供给中控系统。

6.3.2.8　洁净室安全要求

6.3.2.8.1　洁净室温度和湿度监测

通过传感器和仪表监测洁净室的温度和湿度，芯片式传感器数字化车间洁净室应满足如表 3 所示的温度和湿度要求。

表 3　洁净室温度和湿度范围

房间性质	温度（℃）		湿度（%）	
	冬季	夏季	冬季	夏季
生产工艺有温度和湿度要求的洁净室	按生产工艺要求			
生产工艺无温度和湿度要求的洁净室	20～22	24～26	30～50	50～70
人员净化及生活用室	16～20	26～30	—	—

6.3.2.8.2　洁净室流量的要求

在芯片式传感器数字化车间中，应根据空气洁净度等级的不同要求，选用不同的气流流型。为保证空气洁净度等级的送风量，应按表 4 所列有关数据进行计算。

表 4　气流流型和送风量

空气洁净度等级	气流流型	平均风速（m/s）	换气次数（次/小时）
1～3	单向流	0.3～0.5	—
4、5	单向流	0.2～0.4	—
6	非单向流	—	50～60
7	非单向流	—	15～25
8、9	非单向流	—	10～15

6.3.2.8.3　洁净室压差控制

芯片式传感器数字化车间中，洁净室与周围的空间必须维持一定的压差，并按照工艺要求决定维持正压差或负压差。

不同等级的洁净室之间的压差不宜小于 5Pa，洁净室与室内非洁净区之间的压差不小于 5Pa，洁净室与室外的压差不应小于 10Pa。

6.3.2.8.4　报警

芯片式传感器数字化车间洁净室的监测设备，在监测温度、湿度、通风流量和静压差不满足要求时，应提供现场声音或视频报警，通过危险报警进行车间的危险警示。

6.3.2.9　预防触电

对于芯片式传感器数字化车间各用电设备的防止触电危险的安全措施，GB 5226.1—2008 中的第 6 章给出了具体的方法，防止触电的安全措施的实施可参见该标准。

附录 A
（资料性附录）
芯片式传感器数字化车间各层信息安全要求

芯片式传感器数字化车间各层信息安全要求如表 A.1 所示。

表 A.1　芯片式传感器数字化车间各层信息安全要求

	物理访问控制	信息安全管理	区域划分	边界防护	入侵监测	身份鉴别与认证	安全审计	资源控制	数据安全	使用控制
数字化装备层	5.2.1	5.2.2	5.2.3.1 的 a）和 b）；5.2.3.2	5.2.4.2	5.2.5.2	5.2.6.1；5.2.6.2	5.2.7.1；5.2.7.2	5.2.8.1 的 a）和 c）；5.2.8.2	5.2.9.1；5.2.9.2	5.2.10.1；5.2.10.2
数字化管控层	5.2.1 的 b）	5.2.2	5.2.3.1 的 a）和 c）；5.2.3.2	5.2.4.1；5.2.4.2 的 c）和 d）	5.2.5.1；5.2.5.2	5.2.6.1；5.2.6.2	5.2.7.1；5.2.7.2	5.2.8.1；5.2.8.2 的 b）和 c）	5.2.9.1；5.2.9.2	5.2.10.1；5.2.10.2

附录 B
（资料性附录）
芯片式传感器数字化车间功能安全风险等级与可能性

B.1　风险等级

芯片式传感器数字化车间功能安全风险等级如表 B.1 所示。

表 B.1　风险等级

风险等级	人①	设备/设施②	影响
1—灾难性的	一人或多人致命	系统或设施损失	化学品排放有持续的环境和公共健康影响
2—严重的	致残/致病	主要的子系统损失或设备损坏	化学品排放有暂时的环境和公共健康影响
3—中度的	须接受治疗或其工作受限制	次要的子系统损失或设施损坏	化学品释放必须对外报告
4—轻度的	一般医药可治疗	不严重的设备或设施损坏	化学品释放仅需例行清除无须报告

注①：本标准主要针对 1 或 2 人暴露在风险中的情况，如果有 3 个或更多人暴露于风险中的情形，应该考虑更严格的风险等级划分。

注②：虽然设备或设施并非一个安全风险，但它对于制造的产品（如：晶圆、掩模）附加了价值。本处没有给出具体的说明是由于产品的价值和数量可能随着设备不同而变化。可能的说明是单个晶圆、一批晶圆重做，或是一批晶圆损失。

B.2　可能性分组

芯片式传感器数字化车间功能安全风险发生的可能性分组如表 B.2 所示。

表 B.2　可能性分组

可能性分组	发生频率①
A—频繁的	>1%
B—很可能的	0.2%～1%
C—可能的	0.04%～0.2%
D—很少的	0.02%～0.04%
E—不太可能的	0.002%～0.02%
F—极不可能的	≤0.002%

注①：发生频率的计算公式为“观察到或预期发生伤害的次数/（可观察或可预期的发生伤害的操作次数×年）×100%”。例如，假设在 6 年内可观察到的 5 次操作中，观察到发生了 1 次伤害，则伤害发生的频率为“1 次伤害/（5 次操作×6 年）×100%= 3.3%”，属于 A—频繁的。

B.3　风险等级-可能性矩阵

芯片式传感器数字化车间功能安全风险等级-可能性矩阵如表 B.3 所示。

表 B.3　风险等级-可能性矩阵

风险等级	可能性					
	A—频繁的	B—很可能的	C—可能的	D—很少的	E—不太可能的	F—极不可能的
1—灾难性的	非常高	非常高	高	中	低	非常低
2—严重的	非常高	高	中	低	低	非常低
3—中度的	高	中	低	低	非常低	非常低
4—轻度的	低	低	低	非常低	非常低	非常低

成果三

中低压输配电装备　智能化工厂体系架构指南

引　言

标准解决的问题：

本标准定义了中低压输配电装备智能化工厂的系统架构和功能框架，并规定了各组成系统之间的接口信息。

标准的适用对象：

本标准适用于中低压输配电装备制造工厂的新建或改（扩）建阶段，为智能化工厂的规划与实施建设提供框架性指导。

专项承担研究单位：

西安高压电器研究院有限责任公司。

专项参研联合单位：

西安西电电气研究院有限责任公司。

专项参加起草单位：

华中科技大学、华工制造装备数字化国家工程中心有限公司、西电宝鸡电气有限公司、河南森源电气股份有限公司、天水长城开关厂有限公司、厦门华电开关有限公司。

专项参研人员：

李翌辉、朱海平、胡进寿、李侠、赵红武、陈荣伟、刘壮、贾涛、史亚斌、苏晓毅、颜莉萍、蒋宗敏、赵勇、高智、王东、张镁、闫兴浪、张晋波、孙梅、吴钊、杜东、马占峰、张婷、叶连杰、侯建华、王莎、史永锋、杜玮、喻志民、江小刚、刘洋、顾总理、于庆瑞、高国芳、周建朋。

中低压输配电装备 智能化工厂 体系架构指南

1 范围

本标准定义了中低压输配电装备智能化工厂的系统架构和功能框架，并规定了各组成系统之间的接口信息。

本标准适用于中低压输配电装备制造工厂的新建或改（扩）建阶段，为智能化工厂的规划与实施建设提供框架性指导。

注：中低压输配电装备包括成套开关设备、变压器等产品，本标准主要针对中低压成套开关设备子行业，对于其他中低压输配电装备子行业也有借鉴意义。

2 规范性引用文件

下列文件对于本文件的应用是必不可少的。凡是注日期的引用文件，仅所注日期的版本适用于本文件。凡是不注日期的引用文件，其最新版本（包括所有的修改单）适用于本文件。

GB/T 20720.3—2010 企业控制系统集成 第3部分：制造运行管理的活动模型

GB/T 25485—2010 工业自动化系统与集成 制造执行系统功能体系结构

3 术语、定义和缩略语

下列术语和定义适用于本文件。

3.1 输配电装备 power transmission equipment

实现电能传输、转换及保障电力系统安全、可靠、稳定运行的设备。

3.2 中低压成套开关设备（开关设备和控制设备） middle and low-voltage switchgear assembly（switchgear and controlgear）

涵盖开关装置，以及它们和相关控制、测量、保护与调节设备的组合，也包括此类装置与设备和相关的连接线、附件、外壳、支持架构的总装。其中，低压：额定电压交流不超过1kV或直流不超过1.5kV；中压：额定电压介于3.6kV～63kV。

[参考 GB/T 11022—2011]

[参考 GB 7251.1—2013]

3.3 系统架构 architecture

系统中各部分的基本配置和连接的描述（模型）。

[改写自 GB/T 18757—2008 中的 3.2]

3.4 缩略语

AGV：自动导引小车（Automated Guided Vehicle）
BOM：物料清单（Bill of Material）
CAD：计算机辅助设计（Computer Aided Design）
CAPP：计算机辅助工艺规划（Computer Aided Process Planning）
CBM：基于状态的维修（Condition Based （Maintenance）
DCS：分布式控制系统（Distributed Control System）
DNC：分布式数控（Distributed Numerical Control）
ERP：企业资源规划（Enterprise Resource （Planning）
MDC：制造数据采集（Manufacturing Data Collection）
MDM：主数据管理（Master Data Management）
MES：制造执行系统（Manufacturing Execution System）
NC：数控（Numerical Control）
OPC：用于过程控制的 OLE（OLE for Process Control）
PCC：生产监控中心（Production Control Center）
PDM：产品数据管理（Product Data Management）
PLM：生命周期管理（Product Lifecycle Management）
PLC：可编程逻辑控制器（Programmable Logic Controller）
RFID：射频识别（Radio Frequency Identification）
SCADA：数据采集与监视控制（Supervisory Control and Data Acquisition）
WCS：仓库控制系统（Warehouse Control System）
WMS：仓储管理系统（Warehouse Management System）

4 系统架构

4.1 概述

中低压输配电装备智能化工厂的系统架构通过系统层级和产品生命周期两个维度进行描述。附录 A 描述了中低压输配电装备制造工厂的运行主流程。

4.2 系统层级维度

4.2.1 概述

中低压输配电装备智能化工厂的系统层级从下到上应为四个层次，即设备层、控制层、车间层、工厂层。

4.2.2 设备层

设备层面向零件加工（开关柜体钣金加工、母线加工等）、部装（断路器装配等）、总装（空气柜、充气柜、环网柜装配等）、检测试验（耐压测试、开关磨合及特性测试等）等生产过程，包括如下七大类设备。这些设备应能实现数字化控制，并具备联网接口。

—— 生产设备（独立数控加工机床和加工中心、加工生产线、装配生产线、工业机器人等）。
—— 仓储物流设备（自动化立体仓库、普通高架仓库、AGV、叉车、普通料架、智能料架等）。
—— 试验设备（用于机械、电气等试验的设备）。

—— 检测工具（扭矩扳手、无线游标卡尺等）。
—— 感知与监测装置（各类传感器、水电气监测仪表、RFID/条码、视频监控装置等）。
—— 信息化基础设施（服务器、数据中心、工业物联网络、工位操作终端、车间电子看板、控制室电子大屏等）。
—— 其他辅助设施（能源保障设施、安全保障与环境监控设施、其他公共设施等）。

4.2.3 控制层

控制层包括设备自带的控制系统与设备运行监控系统（如 SCADA、DCS 等系统）。通过设备运行监控系统，对各类数字化设备进行联网，实时采集设备运行数据，监测设备运行，实现设备与设备之间、设备与车间管理层软件之间的互联互通。设备运行监控系统应能集成如下几大类控制系统或独立设备（不含数字化控制系统）：
—— 钣金加工线控制系统。
—— 母线加工线控制系统。
—— 开关柜装配线控制系统。
—— 断路器装配线控制系统。
—— 仓储物流设备控制系统（仓库控制系统 WCS、AGV 控制系统、智能料架控制系统）。
—— 检测与试验设备控制系统。
——DNC/MDC 系统（冲、剪、折弯、焊接等独立数控设备）。
—— 能耗采集与监控系统（实现水、电、气自动监测）。
—— 安全与环境监控系统（实现安全提示与保障、环境监测与预警、视频监控）。
—— 带网口的数字化检测工具（扭矩扳手、无线游标卡尺等）。
—— 其他非数控机床（折弯机、剪板机等）。

4.2.4 车间层

在实际生产之前，应对车间生产设施及工艺流程进行虚拟建模和仿真分析，找出错误和瓶颈，并优化工艺和设施布局。在生产过程中，通过生产管控平台，对生产与物流活动进行指挥调度，实现车间管控的数字化、可视化和决策优化。车间层应包括如下几类系统：
—— 虚拟车间仿真与优化系统：建立断路器部装和开关柜总装的三维车间模型，导入生产订单数据和工艺流程，通过运行仿真，对车间生产过程进行分析评估和优化。
—— 制造执行系统：面向钣金加工、断路器部装和开关柜总装等生产过程，实现计划、物流、生产、质量、设备维护等业务活动的数字化集成管控，并通过数据分析为生产调度提供一定的智能决策支持。
—— 生产监控中心：以电子大屏为载体，以设备运行监控系统和制造执行系统中的生产数据为基础，实现生产过程的集中可视化监控。

4.2.5 工厂层

工厂层能够实现工厂运营层面各类业务活动的数字化管理，应包括如下系统：
—— 主数据管理系统。
—— PDM/PLM 系统。
—— ERP 系统。
此外，安全管理（包括生产安全管理、信息安全管理等）也是工厂层必须考虑的要素。

4.3 产品生命周期维度

4.3.1 概述

在产品生命周期维度，智能化工厂聚焦于开关柜、断路器等产品研制成功后的稳定生产过程，即工厂接到用户订单后，进行产品变型设计并开展生产活动，最终交付产品的过程，应包括设计、工艺、生产、物流这四个阶段。

4.3.2 设计

根据订单的产品型号及定制化要求，以工厂的基准产品为基础，实现开关柜、断路器等产品的变型设计，包括三维结构设计、电气设计等，其功能在产品变型设计系统中实现。

4.3.3 工艺

以三维设计模型为基础，建立三维工艺设计系统，实现开关柜、断路器等产品的三维装配工艺规划、装配工艺仿真分析和闭环工艺优化。

4.3.4 生产

应从以下三个环节实现开关柜、断路器等产品生产过程的数字化和智能化：

—— 生产规划阶段：在三维虚拟车间中进行装配生产过程的仿真分析，优化工艺和设施布局，实现生产规划和工艺设计的闭环。

—— 生产计划阶段：通过制造执行系统的计划排产模块，编制作业计划，并在三维虚拟车间中进行验证，分析物料配送、生产现场设备状态、生产不确定因素等对计划的影响，进而优化调整作业计划，实现计划排产和虚拟验证的闭环。

—— 生产执行阶段：通过制造执行系统的生产管理模块，对实际生产过程进行指挥调度，并对生产状态进行跟踪与反馈；通过设备运行监控系统，采集设备运行数据；通过虚拟车间环境，对实际生产过程进行虚拟呈现。最终实现“计划-执行-监控-反馈”的数字化闭环控制。

4.3.5 物流

实现工厂内部物流环节的数字化、透明化管控，应具备如下要素：

—— 通过 WMS/WCS、AGV 调度、MES、ERP 等物流信息管理与控制系统（或模块），实现零配件入库、出库、配送、线边、成品发货的数字化管理。

—— 通过 MES 系统与 WMS/WCS 系统、AGV 调度系统的集成，实现零部件精益物流配送，比如：根据断路器的上线顺序，通过 AGV 设备自动将配套零件准时配送到生产线工位。

—— 通过 MES 系统与智能料架控制系统的集成，实现零配件上线的错漏防控。

—— 应用条码（包括二维码）、RFID 等技术实现物料的标识与自动识别。

—— 通过 MES 系统，实现在制品（如断路器、开关柜等）的位置跟踪与状态监控。

5 功能框架

5.1 概述

基于中低压输配电装备的智能化工厂系统架构，建立智能化工厂的功能框架，如图 1 所示。图 1 中，横向是产品生产周期维度，从左到右依次为设计、工艺、生产、物流四个阶段；纵向为系统层级维度，从下到上依次为设备层、控制层、车间层、工厂层四个层级。

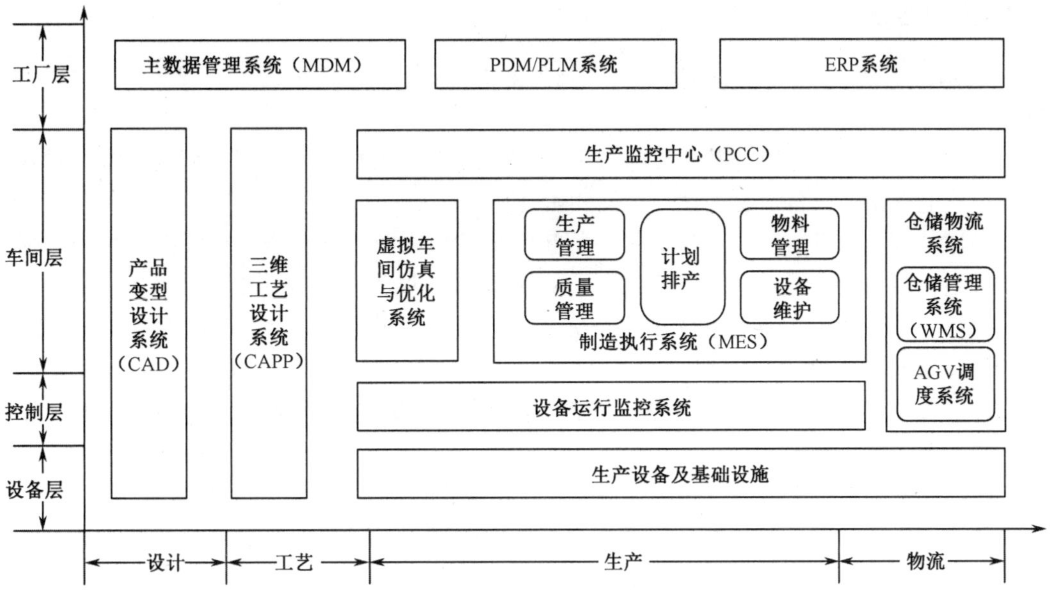

图 1　中低压输配电装备智能化工厂的功能框架

5.2　生产设备及基础设施

对应智能化工厂系统层级维度的设备层，包括加工设备、装配设备、仓储物流设备、试验设备、检测工具、感知与监测装置、信息化基础设施、其他辅助设施等类型，应具备如下特征：

—— 加工设备：由冲剪机床、激光切割机、数控折弯机、立体料库和配套软件系统构成的开关柜体钣金加工线，可以实现钣金件的自动化、柔性化加工，NC 代码自动生成并执行，钣金件自动出入库。其他独立加工设备配备数控系统，可通过 DNC/MDC 实现联网。

—— 装配设备：多条可自动流转的开关柜装配线和部件（断路器等）装配线，支持多型号混流装配，关键工位采用机器人（或机械手）进行上下料，机器辅助工人完成柜体拼装、翻转、一二次装配操作。

—— 仓储物流设备：在断路器部装和开关柜总装环节，通过立体仓库实现物料的自动存取，通过 AGV 实现物料的自动配送，通过智能料架实现装配错漏防控。

—— 试验设备：在断路器部装和开关柜总装环节，采用数字化试验设备，完成耐压测试、开关磨合及特性测试、电阻测试、密封测试等例行试验，自动进行数据分析并输出试验结果；

—— 检测工具：在生产现场使用扭矩扳手、无线游标卡尺等数字化检测工具，可以实现检测数据自动采集。

—— 感知与监测装置：在断路器部装和开关柜总装环节，通过条码/RFID 等实现在制品自动识别与跟踪，关键工序采用传感器（如机器视觉）进行质量数据采集；工厂安装有针对环境（如温度、湿度等）、安全、能耗（如水、电、气等）等的智能检测装置，实现异常预警，保障生产安全和产品质量；工厂安装有视频监控装置，支持实时展现和历史回放。

—— 信息化基础设施：工厂建设有数据存储（如服务器、数据中心等）、网络通信（如办公用互联网、车间工业网络等）、计算分析、安全保障的信息化基础设施；另外，在车间和中控室布置有工位电脑终端、电子看板、中控大屏等装置，可以实现信息浏览（如工艺文件、生产计划与进度、报警信息等）、操作提示（如装配物料提示等）、过程反馈（如报工等）等操作。

5.3 设备运行监控系统

对应智能化工厂系统层级维度的控制层，起到采集设备数据和监控设备运行状态的作用，应具备如下特征：

—— 实现对各类生产设备及基础设施的联网，构建符合 OPC 等主流通信协议标准的设备运行状态监测网络，具备数据处理、存储和可视化功能。
—— 通过与钣金自动加工线控制系统、加工设备数控系统、断路器及开关柜装配线控制系统、试验设备控制系统、仓库控制系统、AGV 控制与调度系统等的集成，采集设备的开关机、运行及故障状态、重要工作参数等信息，分析设备故障率、负载情况及平均无故障时间等运行情况，并实现图形化展示。
—— 针对钣金加工线/数控加工设备，部署 DNC 系统，集中管理 NC 代码，获取 MES 加工任务并下发到数控机床。
—— 在车间安装水、电、气等智能计量仪表，构建物理传感网络，建立能耗监测系统。
—— 在车间安装环境监测传感器，构建物理传感网络，对影响生产安全和产品质量的环境要素（如温度、湿度）进行实时监测。
—— 建立设备监测电子看板，通过组态方式可视化展现设备状态，并设定阈值，当监测参数超差时，自动对安全风险或设备故障进行报警。

5.4 制造执行系统

5.4.1 概述

GB/T 20720.3—2010 定义了制造运行管理的四类主要活动：生产运行、维护运行、质量运行、库存运行。GB/T 25485—2010 定义了制造执行系统功能体系结构。针对中低压输配电装备生产活动的特点，将制造执行系统的主要业务功能模块分为计划排产、生产管理、物料管理、质量管理和设备维护。

5.4.2 计划排产

计划排产模块的基本目标是依据开关柜、断路器等产品订单的交货期要求，综合考虑工艺路线、资源能力与可用性、零配件齐套等因素，基于优化排程平台，通过人机交互方式，编制详细的作业计划，应具备如下特征：

—— 建立开关柜总装拉动的钣金加工、断路器部装等多级计划协同生产模式，根据工艺时间和节拍来计算各类产品（部件）的上线和下线时间，形成装配上线计划和钣金加工计划。
—— 依据钣金加工计划，通过开关柜体的 BOM 分解得到钣金零件的详细加工任务，支持拆分和组批操作，实现经济批量加工。
—— 排产结果可通过虚拟车间仿真与优化系统进行验证。
—— 计划下达后，通过生产管理模块，可随时查看计划的执行进度，当出现订单变化或生产异常时，可对作业计划进行动态重排。

5.4.3 生产管理

生产管理模块的基本目标是按照作业任务要求，辅助工人完成零件加工和产品装配操作，实现生产过程的动态跟踪和生产进度的可视化监控，应具备如下特征：

—— 针对开关柜总装和断路器部装生产线，在生产开工前自动进行齐套性检查，并完成相关工艺参数的切换。
—— 针对开关柜总装和断路器部装生产线，通过三维作业指导引导工人完成装配操作，通过条码/RFID 等手段实现生产跟踪，并实现装配错漏装的报警。

—— 针对钣金自动加工线，根据作业任务规定的生产顺序和批量，自动完成 NC 代码的切换，实现钣金加工并报工。
—— 建立了规范化的电子工作流程，对生产过程出现的物料短缺、质量问题等异常事件快速响应。
—— 自动生成生产信息的统计图表，通过车间电子看板可视化展现生产绩效（计划完成率、一次通过率等）、现场异常及处理进度等信息。

5.4.4　物料管理

物料管理模块的基本目标是按生产进度的要求，适时将配套零部件配送到生产线或工位，并实现对在制品和零配件的跟踪，应具备如下特征：

—— 针对开关柜总装和断路器部装生产线，通过装配上线计划、BOM 和线边库存计算出每个工位的零部件需求。
—— 区分物料类型，选择不同的配送模式（如按台套配送、按批次配送等），生成工位配送计划。
—— 通过与仓储物流系统（如 WMS、AGV 调度系统）集成，实现物流配送指令的自动下达与执行。
—— 通过条码/RFID 等手段，实现在制品位置、配套零部件状态（配送中、线边、上线等）的跟踪管理。
—— 通过智能料架等装置，实现零配件上线的错漏防控。

5.4.5　质量管理

质量管理模块的基本目标是根据产品质量要求，采集生产过程中的质量数据（包括一般性的检测数据和试验数据），并对其进行数据分析，从而实现质量判定和改善，应具备如下特征：

—— 针对开关柜总装和断路器部装过程，每个工位的检测数据、装机 BOM 数据和工程更改数据均实现电子化管理，准确记录并生成产品（开关柜、断路器等）详细的数字化质量档案。
—— 针对开关柜、断路器等产品的出厂试验要求，通过与设备运行监控系统集成，实现试验数据（一般特性、机械操作、电气性能、工频耐压等）的自动采集和数字化管理，并自动生成试验报告。
—— 针对开关柜总装和断路器部装过程，建立质量问题库，实现对常见质量问题的分类及诊断分析。
—— 建立质量问题电子看板，实现磨合、工频耐压、机械特性质量问题的分类图和分布图。
—— 建立离线的质量数据分析系统，对开关柜和断路器装配质量的影响因素进行关联分析，分析结果可用于产品设计或工艺改进。

5.4.6　设备维护

设备维护模块的基本目标是在车间设备（主要是钣金加工线、加工设备、开关柜装配线、断路器装配线、试验设备、仓储物流设备）已联网并实现状态监控的基础上，对设备运行状态数据、故障数据、维修数据等进行管理，实现故障诊断，并制定合理的设备维修策略，应具备如下特征：

—— 设备状态管理：可视化查看车间设备/生产线的状态（包括当前状态和历史状态），并可进一步查看关键参数的数据。
—— 设备故障诊断：对设备/生产线的故障进行分类管理，建立故障问题库，可针对已出现的故障，进行故障类型和原因诊断。
—— 设备维修计划：通过对设备运行监控系统所采集数据的分析，判断设备/生产线的状态并进行计划维修。

5.5 仓储物流系统

仓储物流系统的基本目标是实现对工厂内部生产物流（含零配件和原材料）的管理、出入库、配送等操作，应具备如下特征：

—— 通过仓库管理系统（WMS），实现在库物料的自动查询、入库、调拨、盘点等操作。

—— 通过仓库管理系统（WMS），与 MES 系统集成，获取物流配送指令，自动（针对自动化立体仓库）或人工（针对非自动化仓库）完成出库作业，并反馈配送清单。

—— 通过 AGV 调度与控制系统，实现将物料从仓库自动配送到生产线工位旁边，并可随时跟踪配送进度。

5.6 生产监控中心

生产监控中心（PCC）汇集来自钣金加工线、断路器装配线、开关柜装配线、仓储区，以及计划、生产等业务部门的信息，以电子大屏为展现手段，以三维虚拟工厂和多维统计图表为展现形式，综合展示与工厂生产过程相关的设备运行状态、生产进度、质量状况、物流状态、工厂能耗等实时信息和绩效信息。生产监控中心的展示信息应包括：

—— 三维虚拟工厂，如断路器的装配线及其物流设施。

—— 三维装配工艺，如断路器、开关柜的三维装配动画。

—— 生产绩效报表，如生产进度、质量统计。

—— 生产异常报警，如物料短缺、产品质量、进度滞后。

—— 设备运行状态，如设备故障、设备运行参数。

—— 质量分析结果，如质量问题排列图、因果图。

—— 能源监控信息，如工厂水、电、气消耗统计。

—— 车间视频监控，通过摄像头监控的实时场景及历史回放。

5.7 产品变型设计系统

产品变型设计系统基于机械 CAD 软件（二维/三维）、电气设计软件、PDM/PLM 管理平台，可实现对开关柜、断路器等产品的变型设计，应具备如下特征：

—— 根据客户定制化要求，以产品基准 BOM 和设计知识库为基础，完成产品变型设计，输出一次柜体元器件排列图、柜体三维结构图、二次仪表箱元器件排列图等设计文档和工程 BOM。

—— 可以实现设计与工艺之间、制造厂和设计院之间 BOM 和三维设计模型的传递。

—— 在产品设计过程中，能获取工艺、制造和试验环节的反馈数据，从而实现设计优化。

5.8 三维工艺设计系统

三维工艺设计系统能够建立三维 CAPP 系统，实现三维装配工艺规划、装配工艺仿真分析和闭环工艺优化，应具备如下特征：

—— 在开关柜和断路器等产品的装配工艺规划阶段，接收三维设计模型并进行轻量化处理，以三维工艺模型为基础，完成装配流程图设计、装配工序规划、三维工艺作业指导书编制等操作。

—— 基于三维虚拟环境，对断路器、开关柜的关键装配工艺进行仿真分析，实现干涉检查，优化装配序列，生成装配动画。

—— 通过和虚拟车间仿真与优化系统、MES 系统的集成，获得生产过程仿真、现场工艺执行的反馈信息，积累工艺知识，不断优化工艺。

5.9　虚拟车间仿真与优化系统

虚拟车间仿真与优化系统能够建立制造车间的三维虚拟模型，实现生产过程的仿真分析和虚拟监测，应具备如下特征：

—— 对装配线、仓储物流设施和产品等进行三维建模，建立开关柜和断路器的虚拟装配生产车间。

—— 基于断路器和开关柜的三维虚拟装配生产车间，导入工艺路线和订单等信息，通过生产过程仿真，验证生产工艺的合理性，定量分析车间/生产线的产能和瓶颈，优化设备布局及物流。

—— 基于断路器和开关柜的三维虚拟装配生产车间，从 MES 中导入生产计划排产结果，通过仿真，对计划的可执行性与效率进行评估分析，并将结果反馈给 MES 系统。

—— 基于断路器和开关柜的三维虚拟装配生产车间，从 MES 和设备运行监控系统中导入生产过程的实时状态信息，驱动虚拟车间运行，实现生产过程的可视化监测。

5.10　工厂运营管理平台

工厂运营管理平台能够实现工厂内部运营层面的数字化管理，应具备如下特征：

—— 通过主数据管理系统（MDM），实现对设计、工艺、制造和管理过程中通用资源数据的统一定义和管理。

—— 通过 PDM/PLM 系统，对产品变型设计和三维工艺设计中的数据、知识、变更流程等进行数字化管理。

—— 通过 ERP 系统，实现订单管理、采购管理、客户管理、财务成本管理、人力资源管理。

6　系统之间的接口信息

在中低压输配电装备智能化工厂的功能框架中，由于业务关联，各个系统之间存在复杂的数据流关系，如图 2 所示。

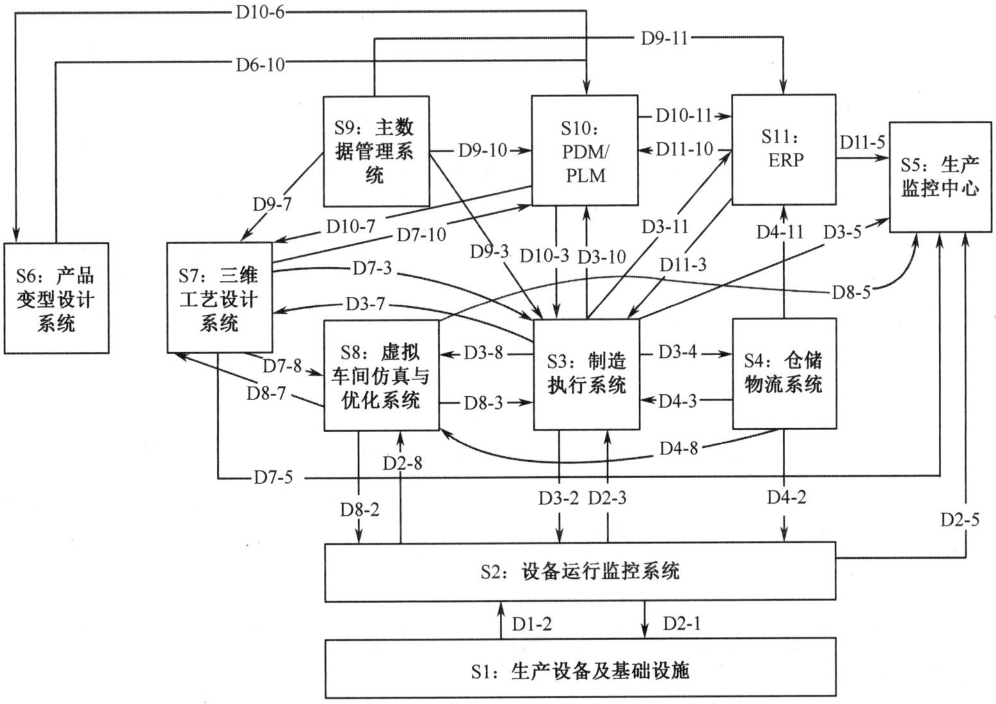

图 2　中低压输配电装备智能化工厂各系统之间的数据流关系图

表 1 对图 2 中各系统之间的接口信息进行规范化定义。

表 1　中低压输配电装备智能化工厂各系统之间的接口信息描述

接口联系	信息提供方	信息使用方	数据类型
D1-2	S1	S2	加工、装配、仓储物流、检测与试验等设备的实时状态（如设备开关机、故障、位置、工作参数等）、质检与试验数据、能耗数据、其他感知数据（如条码/RFID 等）
D2-1	S2	S1	加工、装配、仓储物流、检测与试验等设备的控制指令（如 NC 程序、AGV 控制、断路器和开关柜生产线控制等）、数据采集指令
D2-3	S2	S3	加工、装配、仓储物流、检测与试验等设备的状态数据、质检与试验数据（标准磨合测试、机械特性测试、工频耐压测试、终检记录等）、能耗数据、其他感知数据
D2-5	S2	S5	设备状态数据（设备开关机、故障、位置、工作参数等）
D2-8	S2	S8	设备状态数据（设备开关机、故障、位置、工作参数等）
D3-2	S3	S2	生产调度与数据采集指令
D3-4	S3	S4	断路器、开关柜等产品的零配件配送计划
D3-5	S3	S5	生产实况（如当前执行订单、当前异常等）和生产实绩（如生产进度汇总、质量统计等）
D3-7	S3	S7	现场工艺反馈、更改执行情况、质量问题等
D3-8	S3	S8	计划排产结果、生产执行状态
D3-10	S3	S10	质量问题反馈，更改执行情况
D3-11	S3	S11	计划排产结果、订单完成状态、生产实绩数据
D4-2	S4	S2	堆垛机运行状态信息、AGV 运行状态信息、输送机运行状态、设备故障代码
D4-3	S4	S3	断路器、开关柜零配件等的实际配送清单与配送进度，AGV 位置等
D4-8	S4	S8	断路器、开关柜零配件等的实际配送清单与配送进度，AGV 位置等
D4-11	S4	S11	零部件实际配送清单
D6-10	S6	S10	开关柜、断路器等产品的设计结果（如一次柜体元器件排列图、柜体三维结构图、二次仪表箱元器件排列图等）
D7-3	S7	S3	装配工艺路线、工位装配 BOM、工艺规程文件、三维作业指导书、检验标准要求、工艺更改等
D7-5	S7	S5	三维装配动画
D7-8	S7	S8	工艺基础数据（如工艺路线、BOM、三维装配动画等）
D7-10	S7	S10	工艺设计结果（如工艺路线、BOM 等）、工艺分析与反馈、工艺更改等
D8-2	S8	S2	断路器、开关柜生产线及物流设备的数据采集指令
D8-3	S8	S3	断路器、开关柜装配生产计划仿真结果
D8-5	S8	S5	三维虚拟车间模型
D8-7	S8	S7	断路器、开关柜装配工艺仿真分析结果
D9-3	S9	S3	人员、组织、自制件、外协件、外购件、工装、设备、工作中心等主数据
D9-7	S9	S7	人员、组织、自制件、外协件、外购件、工装、设备、工作中心等主数据
D9-10	S9	S10	人员、组织、产品、外购件等主数据
D9-11	S9	S11	人员、组织、客户、供应商、产品、外购件等主数据
D10-3	S10	S3	三维设计模型、BOM、工程更改指令等

续表

接口联系	信息提供方	信息使用方	数据类型
D10-6	S10	S6	开关柜、断路器等产品的设计数据与知识等
D10-7	S10	S7	基型产品 BOM、柜体结构 BOM、二维/三维设计模型、产品全结构 BOM、工程更改指令等
D10-11	S10	S11	一次设计 BOM、二次设计 BOM、柜体结构 BOM、计划成本 BOM、工程更改指令等
D11-3	S11	S3	库存信息、生产订单、采购订单等
D11-5	S11	S5	工厂运营绩效统计报表
D11-10	S11	S10	用户订单的技术要求

附录 A
（资料性附录）
中低压输配电装备制造工厂的运行主流程

中低压输配电装备制造工厂的运行主流程如图 A.1 所示。中低压输配电装备（尤其是中低压成套开关设备）制造企业多属于按订单生产、用户定制产品的生产模式。在销售环节，用户会指定关键部零件，并提出技术要求。制造企业首先根据用户需求完成产品的变型设计及工艺设计，包括结构设计、电气设计等，设计资料需经设计院确认后才能生效。工艺员完成产品的工艺设计后，制订主生产计划，开始原材料和零配件（包含用户指定件）的采购。

以中低压成套开关设备为例，其主要工艺过程包括柜体钣金加工（冲、剪、折、焊等）、母线加工（冲折、圆弧加工）、关键部件自制（如断路器）、开关柜总装（柜体拼装喷涂、一二次元件装配）等，装配完成后，需要进行出厂试验，试验通过后，产品包装入库、交付。

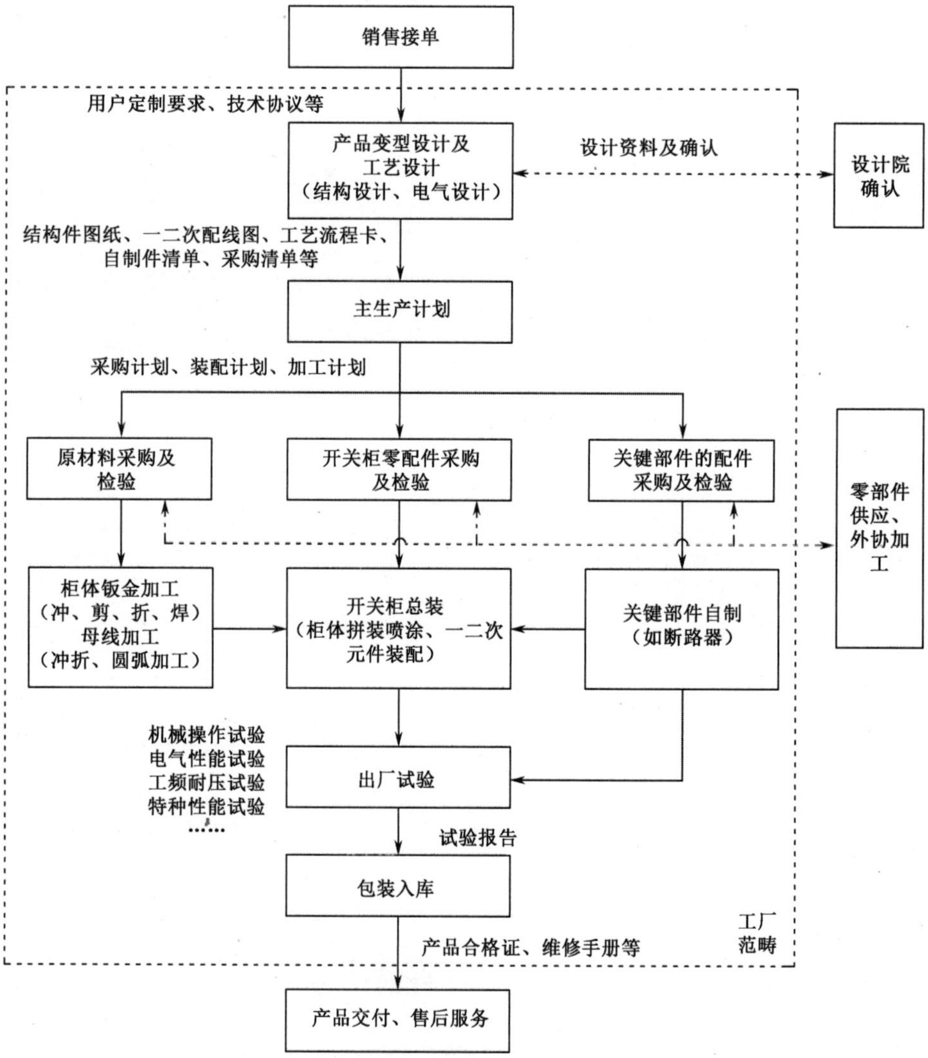

注：图中虚线方框内部为制造工厂的范畴。

图 A.1　中低压输配电装备制造工厂的运行主流程

参 考 文 献

[1] 国家智能制造标准体系建设指南（2015 年）
[2] GB/T 11022—2011 高压开关设备和控制设备标准的共用技术要求
[3] GB 7251.1—2013 低压成套开关设备和控制设备 第 1 部分：总则
[4] GB/T 20720.1—2006 企业控制系统集成 第 1 部分：模型和术语
[5] GB/T 18757—2008 工业自动化系统 企业参考体系结构与方法论的需求

成果四

中低压输配电装备 智能化工厂
生产过程仿真技术规范

引 言

标准解决的问题：

本标准规定了中低压输配电装备智能化工厂生产过程仿真的基本方法与框架，规定了智能化工厂生产过程仿真建模要求、生产过程仿真要求和生产过程仿真结果分析与评价要求。

标准的适用对象：

本标准适用于中低压输配电装备行业开关柜生产线智能化改造环节，并在产品的种类和工艺路线已经确定的基础上进行生产过程仿真。

专项承担研究单位：

西安高压电器研究院有限责任公司。

专项参研联合单位：

西安西电电气研究院有限责任公司。

专项参加起草单位：

西安电子科技大学、西电宝鸡电气有限公司、河南森源电气股份有限公司、天水长城开关厂有限公司、厦门华电开关有限公司、上海交通大学、上海安托信息技术有限公司。

专项参研人员：

李翌辉、胡进寿、张婷、李侠、赵红武、陈荣伟、殷磊、史亚斌、杨挺、苏晓毅、刘壮、贾涛、颜莉萍、蒋宗敏、赵勇、高智、杜东、王东、张镁、闫兴浪、张晋波、孙梅、吴钊、马占峰、叶连杰、侯建华、王莎、史永锋、何其昌、赵东平、江小刚、顾总理、于庆瑞、高国芳、周建朋。

中低压输配电装备　智能化工厂　生产过程仿真技术规范

1　范围

本标准规定了中低压输配电装备智能化工厂生产过程仿真的基本方法与框架，规定了智能化工厂生产过程仿真建模要求、生产过程仿真要求和生产过程仿真结果分析与评价要求。

本标准适用于中低压输配电装备行业开关柜生产线智能化改造环节,并在产品的种类和工艺路线已经确定的基础上进行生产过程仿真。

注 1：中低压输配电装备包括成套开关设备、变压器等产品，本标准主要针对中低压成套开关设备子行业，对于其他中低压输配电装备子行业也有借鉴意义。

注 2：附录 A 描述了中低压输配电智能化工厂虚拟仿真技术规范组成结构。

2　规范性引用文件

下列文件对于本文件的应用是必不可少的。凡是注日期的引用文件，仅所注日期的版本适用于本文件。凡是不注日期的引用文件，其最新版本（包括所有的修改单）适用于本文件。

GB/T 26099.1—2010　机械产品三维建模通用规则　第 1 部分：通用要求

GB/T 26099.2—2010　机械产品三维建模通用规则　第 2 部分：零件建模

3　术语和定义

GB/T 4863—2008、GB/T 18354—2006 和 GB/T 24734.1—2009 中界定的及下列术语和定义适用于本文件。

3.1　生产过程仿真　virtual factory simulation

采用虚拟仿真技术对生产过程进行仿真模拟和分析验证。

3.2　模型轻量化　lightweight model

在保证模型精确度的前提下减少设计模型中的非几何信息以提高传输速度和效率。

3.3　生产能力　production capacity

在计划期内，企业参与生产的全部固定资产，在既定的组织技术条件下，所能生产的产品数量，或者能够处理的原材料数量。

3.4　生产线设施布局　facility layout in production line

生产线中的生产设备、物流设施、检验设备、生产准备区域、生产辅助区域等设施的空间布局形式。

3.5　生产瓶颈　bottleneck in production

制约整条生产线运行的设备、工位、环节或工艺步骤。

3.6　生产物流　production logistics

企业生产过程发生的涉及原材料、在制品、半成品、成品等进行的物流活动。
[GB/T 8354—2006 中的 3.29]

4　中低压输配电装备智能化工厂产品工艺分析

4.1　概述

中低压输配电装备智能化工厂的产品工艺应包括：开关柜柜体装配、断路器装配和钣金加工。

4.2　开关柜柜体装配工艺流程

开关柜柜体装配的工艺流程应包含：
a）线下预装。
b）柜体拼装。
c）活门、接地开关安装。
d）互感器安装。
e）仪表箱上柜、门装配。
f）二次配线。
g）母线装配。
h）一、二次测试及耐压测试。
i）后上门、端封板和小元件装配下线。

4.3　断路器装配工艺流程

断路器装配的工艺流程应包含：
a）框架上线。
b）清丝绞孔。
c）拐臂、分闸簧安装。
d）极柱安装。
e）机构、主轴部装。
f）机构与框架装配。
g）传动系统连接。
h）二次布线。
i）自动磨合。
j）机械特性测试。
k）工频耐压试验。
l）底盘车安装。
m）触臂安装。
n）封板、联锁件安装。
o）终检、下线。

4.4 钣金加工工艺流程

钣金加工以设计图纸为基础编制加工程序，再将程序传输到对应机床进行数控加工。钣金加工的工艺路线应包括以下几种：

a）先冲裁后折弯。

b）先切割后折弯。

c）先折弯后焊接。

5 生产过程仿真建模要求

5.1 生产过程仿真建模一般要求

智能化工厂生产过程仿真建模是在产品的种类和工艺路线已经确定的基础上进行的，应满足如下要求：

a）应按 GB/T 26099.1—2010 中 6.2 的要求，虚拟仿真模型与中低压输配电装备智能化工厂实物应保持统一的比例关系。

b）仿真模型应能准确表达外观设计信息和结构设计信息，应具有模型的几何要素、约束要素信息：

1）模型的几何要素应包括表达几何特性的模型几何和辅助几何等要素。

2）模型的约束要素应包括模型内部或模型之间约束特性的要素，例如尺寸约束、位置约束等。

c）应对中低压输配电装备智能化工厂的厂房、设备、工装、物料容器（如托盘）、货架、标识线、输送线、AGV 小车、轨道等制造资源进行三维建模，同时应对产品装配体与零部件进行三维建模，包括开关柜、极柱、框架、箱体、机构、断路器、底座等。

d）可采用先主体结构后细节的建模顺序，先建立模型的主体结构，再建立模型细节（如先建立断路器的主体结构，再完成打孔、切槽等模型细节，最终完成断路器的建模）。

e）仿真模型应充分考虑建模参数之间的关联关系，便于模型的修改，包括模型几何参数（如长度、角度等）、物理参数（如材料、质量等）。

f）仿真模型应具有可交互的属性，能够通过外部的生产信息数据完成中低压输配电装备智能化工厂生产过程仿真。

g）应对仿真模型进行合理的着色处理，使得模型能够符合或贴近中低压输配电装备智能化工厂实物。

h）生产线设施布局模型应包括生产设备的几何定位坐标、物流出入口坐标等参数。

i）仿真模型轻量化可通过大幅度减小模型数据量，实现三维模型的快速传输与显示，同时保持原模型的几何特性与外观形状，并支持对多种三维 CAD 文件格式模型的轻量化，如 prt 格式、asm 格式、igs 格式、pst 格式、SLDDRW 格式等的三维 CAD 模型文件。在轻量化过程中，可采用几何元素删除算法、顶点聚类法、小波分析法、重采样算法、多分辨率方法等多种方法完成轻量化操作。

5.2 生产过程仿真建模一般流程

生产过程虚拟仿真对象建模应包括产品零部件建模和生产资源建模两部分内容。其中产品零部件建模应按 GB/T 26099.2—2010 中规定的建模步骤进行。生产资源建模是根据车间工艺布局图、产品设计规划文档、生产设备图纸、工装图纸、现场照片等资料，建立钣金、开关柜与断路器生产线的三维生产资源数字模型，包括厂房、设备、工装、物流工具等。应遵循以下流程：

a）利用三维建模软件对制造资源进行三维数字建模。可根据车间工艺布局图，获取厂房结构尺寸、钢结构尺寸等建模参数，参照现场调研照片等资料，建立厂房主体结构、梁柱、墙体、门窗、房顶桁架、行车、轨道、通道、灯、输送线、立体仓库等的三维数字模型；根据设备图纸、工装图纸等资料，建立生产设备、工装、物流容器、标识线、输送线、生产工位等的三维数字模型。

b）根据车间工艺布局平面图进行生产线制造资源的定位。可将车间工艺布局平面图文件导入到三维建模软件中，根据车间工艺布局的设计，确定定位基准点和定位坐标系，将各个制造资源模型放置在设计位置上，实现对制造资源的准确定位，完成中低压输配电装备智能化工厂制造资源的仿真建模。

6　生产过程仿真要求

6.1　生产过程仿真的基本要素

6.1.1　实体

a）基础设施

基础设施应满足在智能化工厂完成生产、物流等活动，基础设施包括厂房结构、办公家具、房间等。

b）生产线

生产线建模应包含开关柜装配生产线、断路器装配生产线与钣金加工线的主要生产设备、工装与工具，如数控冲床、激光切割机、数控折弯机、机器人/机械手、输送线、工装板、气动扳手、气动攻丝机、气动铆枪、棘轮扳手等；并能够体现设备的基本加工动作或加工流程，如开关柜装配、断路器装配要能体现工件流转过程，钣金线要能体现加工动作。

c）产品

产品建模应包括组成产品的零部件、产品总装及各工序输出产品部件模型，如开关柜箱体、断路器骨架、接地母线、接地开关、断路器绝缘拉杆等。

d）物流设备

物流设备建模应能够体现物料从立体仓库到生产线的流转过程，如AGV小车、智能料架、天车、线边料架、物料容器、立体仓库、半成品放置区、成品放置区等。

6.1.2　状态

生产过程的状态应包括生产设备、物流设施和人员等实体的状态，如工作状态、停止状态、故障状态、等待状态。

6.1.3　控制语句

控制语句即可实现整个仿真过程的控制指令，主要通过判断条件来控制各个实体的状态变化。如在仿真系统中，在控制语句的控制下当断路器模型到达装配工位时，装配工位的状态也随即由等待状态改为工作状态。

6.1.4　属性

应对设备、产品等实体的名称、类别、几何模型、位置和功能等进行属性描述。

6.1.5　仿真时钟

应通过控制仿真过程的时间变化，进行时序控制。

6.1.6　不确定事件

生产过程仿真应能够模拟包括随机发生的设备故障、原材料缺失、插单生产、人员不到位等不确定事件，能够在仿真系统中分析不确定事件对生产线运行过程的影响，判断生产任务能否按计划完成。

6.2　生产过程仿真的主要流程

生产过程仿真应遵循以下流程：

a）分析中低压输配电装备生产线的仿真内容

应确定中低压输配电装备智能化工厂中开关柜装配、断路器装配和钣金生产线生产过程仿真的目标、内容和边界。

b）建立中低压输配电装备生产线的模型

可根据开关柜装配、断路器装配和钣金生产线的生产组织模式、运行参数和生产线布局，确定中低压输配电智能化工厂物理模型中钣金数控加工设备、开关柜、断路器、激光切割机、数控折弯机等各实体的参数及相互关系，建立仿真模型。

c）中低压输配电装备生产线物流设施与路径仿真建模

应建立开关柜生产线的物流设施模型，在生产过程仿真系统中描述在制品缓冲区、成品缓冲区的空间、位置，并进行物流配送路径建模，能够明确物流路径的起始位置和物流量。

d）中低压输配电装备生产线的控制逻辑定义

可根据开关柜、断路器和钣金生产线中的生产任务、工艺路线、制造资源，确定要素之间的控制逻辑和关联关系，定义生产过程仿真的控制逻辑，编写控制语句驱动仿真模型动态运行。

e）中低压输配电装备生产过程仿真分析

应进行生产过程动态仿真，可进行设备故障、原材料缺失、插单生产等不确定事件的模拟，并模拟开关柜、断路器和钣金生产线的实际运行过程；可通过分析评价指标，验证生产计划的可执行性和物流方案的合理性，找出生产线中瓶颈问题。

6.3　生产过程仿真的数据要求

6.3.1　概述

生产过程仿真需要的输入参数应包括产品数据、工艺路线数据、生产设备数据、生产计划数据、报工数据、物流配送数据、库存数据。可通过生产过程仿真对生产过程进行分析、评估与优化，将仿真分析结果提供给中低压输配电装备智能化工厂中的其他应用系统。

6.3.2　生产过程仿真输入参数要求

a）产品数据（见表 1）

表 1　产品数据

数据名称	数据类型
产品编码	VARCHAR
产品名称	VARCHAR
基本计量单位	VARCHAR
型号	VARCHAR
规格	VARCHAR
零件类型	VARCHAR
物料类型	VARCHAR
修改版本	VARCHAR

续表

数据名称	数据类型
零件图号	VARCHAR
产品状态	VARCHAR
生产类型	VARCHAR
库存组织编码	VARCHAR
库存组织名称	VARCHAR
库存计量单位	VARCHAR
是否检验	VARCHAR
生产计量单位	VARCHAR
领送料方式	VARCHAR

b）工艺路线数据（见表 2）

表 2　工艺路线数据

数据名称	数据类型
工艺编号	VARCHAR
工序号	VARCHAR
工序名称	VARCHAR
工序内容	VARCHAR
是否检验工序	VARCHAR
工时	VARCHAR
设备组编号	VARCHAR
工位组编号	VARCHAR
设备编号	VARCHAR
设备名称	VARCHAR
设备类型	VARCHAR
设备规格	VARCHAR

c）生产设备数据（见表 3）

表 3　生产设备数据

数据名称	数据类型
设备编号	VARCHAR
设备组编号	VARCHAR
设备名称	VARCHAR
设备类型	VARCHAR
设备型号	VARCHAR

d）生产计划数据（见表 4）

表 4　生产计划数据

数据名称	数据类型
工位号	VARCHAR
工票号	VARCHAR
原材料编码	VARCHAR
产品名称	VARCHAR

续表

数据名称	数据类型
产品编码	VARCHAR
开工时间	DATE
完工时间	DATE
工时	VARCHAR
班组号	VARCHAR
人数	VARCHAR
班次	VARCHAR
生产批量	VARCHAR

字段说明：

1）工位号可包含多个工票，分别定义开工时间与完工时间。

2）一张工票可能需要多个原材料，需要单独列出。

3）班次可分 1、2、3 班，每班 8 小时。

4）人数字段应为班组号对应的人员数量。

5）工位可能包含子工位，如二次配线有 3 个子工位，因此需要解析出子工位。

e）物流配送数据（见表 5）

表 5　物流配送数据

数据名称	数据类型
原材料编码	VARCHAR
名称	VARCHAR
数量	VARCHAR
运输方式	VARCHAR
打包方式	VARCHAR
运输工具编号	VARCHAR
运输工具名称	VARCHAR

字段说明：

1）原材料种类应覆盖生产计划工票所包含的原材料。

2）运输方式可包括平板车、AGV、行车等。

3）打包方式应为一次运输多少个在制品。

f）库存数据（见表 6）

表 6　库存数据

数据名称	数据类型
物料编码	VARCHAR
物料名称	VARCHAR
库存类型	VARCHAR
计量单位	VARCHAR
合同（跟踪号）	VARCHAR
数量	INTEGER
仓库	VARCHAR

6.3.3　生产过程仿真输出参数要求

生产过程仿真应该能够为其他应用系统输出仿真分析报告，应包括如表 7 所列的输出参数。

表 7　输出参数

字段名称	数据类型
工位号	String
产品编码	String
产品名称	String
生产设备编号	String
生产设备利用率	String

6.4　钣金加工过程仿真要求

钣金加工过程仿真应满足以下要求：

a）可对制造资源的使用进行规划和评估，验证生产调度策略和规划方案的可行性和合理性。

b）可评估钣金线的生产能力，明确每种产品的预期产量。

c）可进行瓶颈分析，明确生产过程瓶颈所处的具体环节和瓶颈环节的使用效率。

d）可分析设备利用率，以图表形式给出设备工作状态、等待状态和故障状态的占比。

e）可验证物流路线的合理性。

f）可通过分析物流工具利用率、缓存区容量，对物流路径、缓冲区物料量进行仿真，并为缓冲区设计提供依据。

g）可对生产节拍进行验证，以图表形式给出对生产节拍的量化分析。

6.5　装配过程仿真要求

装配过程仿真应满足以下要求：

a）可对开关柜装配过程和断路器装配过程进行仿真。

b）可在生产过程仿真完成后，对开关柜装配线和断路器装配线的产能、节拍进行分析，并标识生产计划的完成情况。

c）可通过车间虚拟仿真，对车间/产线的设备空闲时间进行分析，分析开关柜装配线和断路器装配线中各设备的利用率。

d）可验证物流路线的合理性。

e）可通过分析物流工具利用率、缓存区容量对物流路径、缓冲区物料量进行仿真，并为缓冲区设计提供依据。

f）可基于生产过程仿真的结果，对装配生产线存在的瓶颈工位进行识别，能够用不同的颜色代表不同的工位状态，标识瓶颈环节。

7　生产过程仿真结果分析与评价要求

7.1　生产过程仿真结果分析与评价的基本原则

中低压输配电装备智能化工厂应该以价值流图为生产过程仿真分析评价的基本原则与方法（附录 B 描述了中低压输配电智能化工厂生产过程价值流图），辨识和减少生产过程中的浪费，并根据生产仿真得到的量化数据对生产控制策略进行综合评价，给出评价结论和优化建议，为生产决策提供仿真分析报告。

7.2　生产过程仿真结果分析与评价指标

可通过生产过程仿真，以设备利用率为核心建立评价模型，通过对制造资源使用情况的分析，进行生产线分析与平衡，验证生产调度策略和规划方案的可行性和合理性。

a）设备利用率分析

在生产过程仿真中，通过模拟设备的运行过程及设备故障，应给出设备利用率，设备利用率的计算方法应为：

$$设备利用率=设备运转时间 / 设备工作时间\times 100\%$$

其中，设备运转时间是指设备用来加工/处理在制品的时间，设备工作时间是指按照生产线的工作制度，每天应该工作的时间。如一班制运行的车间，每天工作时间为 8 小时。

以设备利用率为核心建立评价模型，即以设备利用率的最大化或均衡化为优化目标：

1）设备利用率最大化的评价模型应为：

$$\text{Max}\{设备利用率\}=F(x_i)$$

其中，x_i 为与设备利用率有关的各个参数，如生产计划、工艺路程，设备台数、人员配备等。具体的评价模型可根据生产现场的实际情况确定。

2）设备利用率均衡的评价模型应为：

$$\text{Min}\{D(设备利用率)\}=G(x_i)$$

其中，D(设备利用率)为所有设备利用率的方差，x_i 为与设备利用率有关的各个参数。

b）生产瓶颈分析

可通过开关柜装配、断路器装配和钣金生产线仿真，分析生产/物流设备的利用率，评估设备忙闲程度，明确生产过程瓶颈所处的具体环节，并基于价值流图给出优化建议。

c）生产线效率分析与平衡

生产线生产效率可以以工位的设备利用率来体现，分析同类设备的利用率数据，基于价值流图的基本原则对生产计划和任务分配进行调整，使生产线平衡，使设备得到充分利用，从而验证生产节拍是否可行，并评估生产线的生产能力，明确每种产品的预期产量。

d）物流配送仿真分析

基于设备生产能力，可根据生产计划进行物流配送仿真，分析物流阻塞率，以及每条生产线（设备）的输出产品数量是否达到生产计划的要求，评估物流配送的合理性，明确物流堵塞位置和物流堵塞程度。并基于价值流图的基本原则对配送方案进行优化与调整。

e）生产线生产能力分析

可通过生产过程仿真分析判断仿真产能是否大于计划产能，并由此对生产计划能否按时完成做出预判。

7.3　生产过程仿真结果虚拟监测要求

7.3.1　生产过程可视化要求

生产过程可视化应该能够实现三维虚拟现实环绕型导航与二维详细数据表单的集成展示：

a）应能对生产过程进行动态展示。

b）可将三维可视化嵌入于整个监控系统的首页：展现整体的设备布局和设备的概要状态信息（如零件对象、加工、待机、故障停机等）。

c）可用二维数据表单展现每台设备更为详细的状态信息，如加工参数、故障信息、故障信息与诊断等要素。

7.3.2 仿真结果虚拟监测业务要求

仿真结果虚拟监测业务应满足以下要求：

a）设备利用率监测

可通过与车间信息采集系统的集成，可视化地监测开关柜装配线和断路器装配线中数控冲床、激光切割机、数控折弯机、机器人等各个设备的利用率；可输出设备利用率分析图，可视化地展示车间设备运行状况，辅助生产调度。

b）物流配送过程监控

可通过与车间信息采集系统的集成，展示物流运输状况。

c）历史生产数据查询与回放

可通过与 MES 集成，查看历史订单的执行过程，追溯生产过程中出现的问题，实现对生产运营方案的持续改善。可选择一个或多个字段进行匹配查询，为产品质量追溯与工艺优化提供依据。

附录 A
（资料性附录）
中低压输配电智能化工厂虚拟仿真技术规范组成结构

本技术规范是在对开关柜柜体装配、断路器装配和钣金加工等中低压输配电装备智能化工厂主要工艺流程进行工艺分析的基础上形成的。中低压输配电装备智能化工厂生产过程仿真技术规范的主要内容包括：生产过程虚拟仿真的建模要求、生产过程仿真要求、生产过程仿真结果分析与评价要求三个部分。中低压输配电装备智能化工厂生产过程仿真技术规范的组成结构如图 A.1 所示。

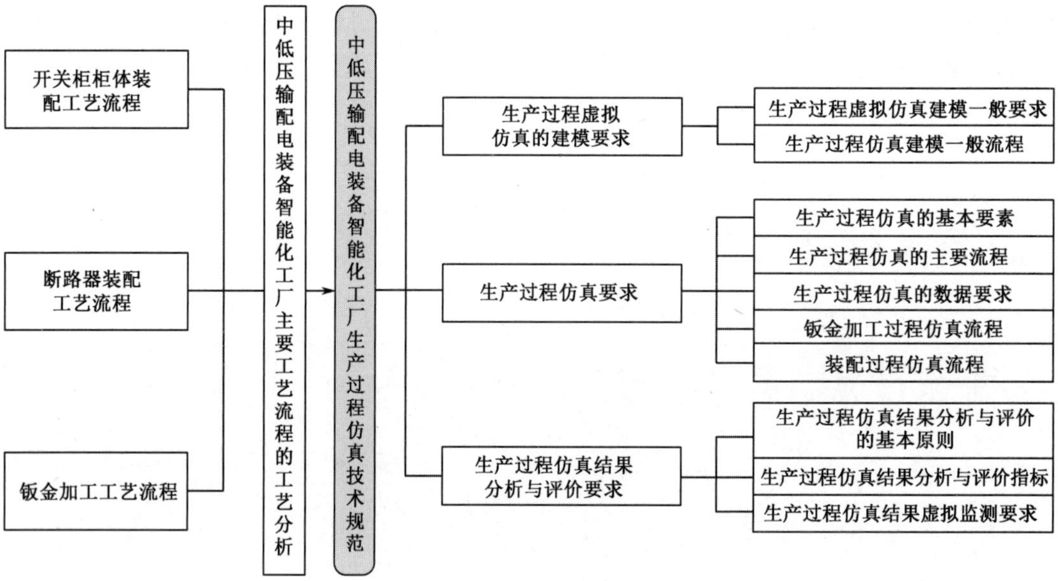

图 A.1　中低压输配电智能化工厂生产过程仿真技术规范的组成结构

附录 B
（资料性附录）
中低压输配电智能化工厂生产过程价值流图

以开关柜柜体装配的工艺流程为例，从客户需求出发，考虑原材料供应、产品生产过程等产品生命周期的整个过程，绘制开关柜生产过程价值流图（见图 B.1），从而从生产全流程的角度对生产过程进行仿真分析与优化。

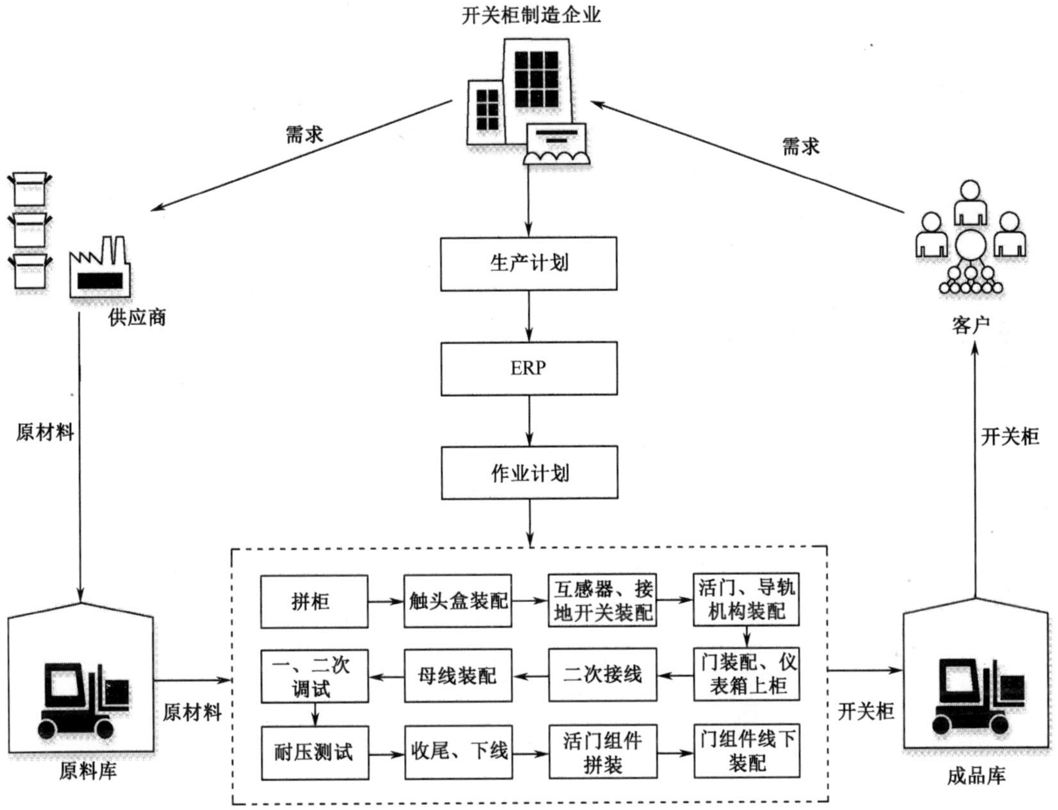

图 B.1 开关柜生产过程价值流图

参考文献

[1] GB/T 4863—2008　机械制造工艺基本术语
[2] GB/T 18354—2006　物流术语
[3] GB/T 24734.1—2009　技术产品文件　数字化产品定义数据通则　第 1 部分：术语和定义

成果五

中低压输配电装备　智能化工厂
产品装配三维工艺设计规范

引　言

标准解决的问题：

本标准规定了中低压输配电装备开关柜、断路器产品基于三维模型的装配工艺设计的三维工艺设计要求、三维工艺管理要求、系统数据要求。

标准的适用对象：

本标准适用于中低压输配电装备行业的开关柜、断路器产品装配三维工艺设计。

专项承担研究单位：

西安高压电器研究院有限责任公司。

专项参研联合单位：

西安西电电气研究院有限责任公司。

专项参加起草单位：

武汉开目信息技术股份有限公司、西电宝鸡电气有限公司、河南森源电气股份有限公司、天水长城开关厂有限公司、厦门华电开关有限公司。

专项参研人员：

李翌辉、徐济友、胡进寿、李侠、赵红武、陈荣伟、史亚斌、叶连杰、骆强、苏晓毅、刘壮、贾涛、颜莉萍、蒋宗敏、赵勇、高智、王东、张镁、闫兴浪、张晋波、孙梅、吴钊、杜东、马占峰、张婷、侯建华、王莎、史永锋、雷磊磊、江小刚、顾总理、于庆瑞、高国芳、周建朋。

中低压输配电装备　智能化工厂　产品装配三维工艺设计规范

1　范围

本标准规定了中低压输配电装备开关柜、断路器产品基于三维模型的装配工艺设计的三维工艺设计要求、三维工艺管理要求、系统数据要求。

本标准适用于中低压输配电装备行业的开关柜、断路器产品装配三维工艺设计。

2　规范性引用文件

下列文件对于本文件的应用是必不可少的。凡是注日期的引用文件，仅注日期的版本适用于本文件。凡是不注日期的引用文件，其最新版本（包括所有的修改单）适用于本文件。

GB/T 24734.5　技术产品文件　数字化产品定义数据通则　第五部分　产品定义数据通用要求

GB/T 24734.11　技术产品文件　数字化产品定义数据通则　第十一部分　模型几何细节层级

3　术语和定义

GB/T 26099.1—2010、GB/T 26100—2010、GB/T 26101—2010、GB/T 26102—2010、GB/T 28282—2012、GB/Z 18727—2002、GB/T 25109.1—2010 和 GB/T 24734.1 中界定的以及下列术语和定义适用于本文件。

3.1　模型轻量化　model lightweight

在保证模型精确度的前提下减少设计模型中的非几何信息以提高传输速度和效率。

3.2　生产过程仿真　virtual factory simulation

采用虚拟仿真技术对生产过程进行仿真模拟和分析验证。

3.3　三维数字模型　three-dimensional digital model

计算机中反映机械产品几何要素、约束要素和工程要素信息的集合。

[GB/T 26099.1—2010 中的 3.6]

3.4　优化　optimize

本文件中特指通过生产过程仿真系统对工艺流程进行仿真与反馈，以及通过 MES 系统反馈质量问题，记录到工艺系统并进行工艺优化的过程。

3.5　装配件　assembly

装配模型中参与装配操作的零件或部件。

[改写自 GB/T 26099.3—2010 中的 3.3]

3.6 消耗式装配件分配 assembly expendable distribution

在进行装配工艺路线设计时，一种在分配装配件过程中被分配的装配件从待分配区域中移除，全部分配完成后，待分配区域显示为空的装配件分配方法。

3.7 物料清单 BOM（Bill of Material）

构成产品所需要的物料的清单。

[GB/Z 18727—2002 中的 2.3]

3.8 工程物料清单 EBOM（Engineering BOM）

包含按设计要求划分而成的结构和各零部件的组成关系，反映产品的属性和零件间设计关系的物料清单。

[GB/T 28282—2012 中的 3.1]

3.9 工艺物料清单 PBOM（Process BOM）

包含 EBOM 的部分属性信息，工艺组件和零部件工艺分工路线等工艺信息，反映生产交付顺序的物料清单。

[GB/T 28282—2012 中的 3.2]

3.10 制造物料清单 MBOM（Manufacturing BOM）

包含产品所有的装配、制造零部件，反映工艺装配关系，并说明配套来源的分层次物料清单。

[GB/T 28282—2012 中的 3.3]

3.11 虚拟件 phantom

为了业务管理或简化产品结构，在物料清单中会产生一种实物并不存在的零部件，它在图纸与加工过程中都不出现。

[GB/T 25109.1—2010 中的 4.1.4]

3.12 标准级表示 representation of standard level

在标准级表示中，对识别功能目的所需的几何形状和设计细节进行建模或显示。除非有特别说明，小于最大长度 0.5%以及表达功能目的所不需要的元素可不建模或不显示。

[GB/T 24734.11—2009 中的 3.1]

3.13 简化级表示 representation of simplified level

在简化级表示中，只有零件的各部分、零件或装配体的基本形状需要建模或显示。倒角、沟槽、刻痕等元素以及内部细节不需要建模或显示。

[GB/T 24734.11—2009 中的 3.2]

3.14 扩展级表示 representation of extended level

在扩展级表示中，所有的零件、总成或模型特征的建模或显示都应能表现其完整的细节。在满足功能需要的前提下，建模或显示的精度可以低于零件或模型特征的实际形式。除非有特别说明，小于最大长度 0.1%的元素可不予建模或显示。有限体积的内部细节只有在必要时方予显示。

[GB/T 24734.11—2009 中的 3.3]

4　缩略语

BOM：物料清单（Bill of Material）
EBOM：工程物料清单（Engineering BOM）
PBOM：工艺物料清单（Process BOM）
MBOM：制造物料清单（Manufacturing BOM）
MES：制造执行系统（Manufacturing Execution System）
PMI：产品制造信息（Product Manufacturing Information）
MBD：基于模型的定义（Model Based Definition）

5　总则

5.1　产品装配三维工艺设计流程

中低压输配电装备产品装配三维工艺设计是基于三维装配工艺设计系统对开关柜、断路器等产品进行三维工艺设计、三维工艺管理，以及工艺数据集成的过程。

其中，三维工艺设计包括模型转换、PBOM 构建、装配工艺路线设计、详细设计、仿真验证、文件发布、三维工艺优化等功能模块。中低压输配电装备产品装配三维工艺设计流程如图 1 所示。

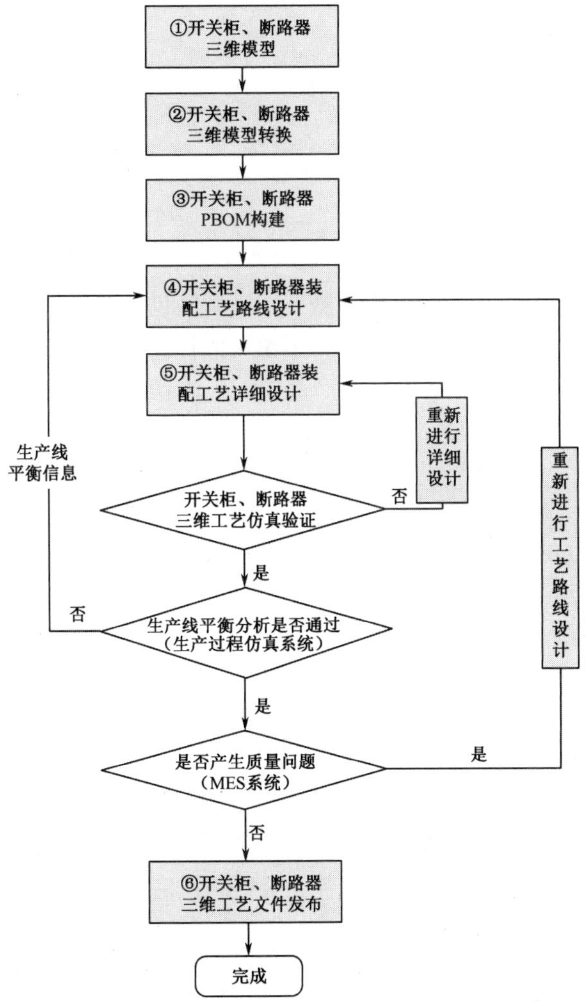

图 1　中低压输配电装备产品装配三维工艺设计流程

5.2 产品装配三维工艺的基本特征

产品装配三维工艺的基本特征应包括：

a）开关柜、断路器三维工艺模型的数据来源是三维模型。

b）开关柜、断路器能以动态三维方式展示装配工艺过程。

c）可与生产过程仿真系统集成进行开关柜、断路器的工艺流程优化分析。

d）可与 MES 集成进行开关柜、断路器的工艺优化。

e）可与 CAD 集成进行开关柜、断路器的三维模型数据复用。

f）在现场可进行交互式的三维工艺浏览。

5.3 三维工艺数据构成

三维工艺数据应包含以下内容：

a）工艺流程：开关柜、断路器各工序及其关联关系。

b）工艺数据集：编码、作业名、适应产品型号、检验方式、作业技术要求及要领、关键控制点（包括关键质量控制点，安全控制点）、工具/工装、辅料、工时定额、三维作业过程及定制的扩展数据。

c）三维作业过程：装配路径、三维工艺标注、三维工艺辅助描述信息。

d）制造物料清单：标准件清单、零组件清单、工量具清单、辅料清单。

6 三维工艺设计要求

6.1 三维工艺模型设计要求

6.1.1 三维设计模型要求

三维模型设计应满足以下要求：

a）三维模型的完整性要求：开关柜、断路器三维模型应包含完整的装配结构树信息。

b）三维模型的标注要求：开关柜、断路器三维模型的标注应符合 GB/T 24734.5 第 5 章的要求。

c）三维模型的深度要求：开关柜、断路器产品中的三维模型特征宜采用扩展级表示。

6.1.2 模型轻量化要求

模型轻量化应满足以下要求：

a）模型轻量化要求按 GB/T 24734.11 中第 4 章的规定，模型轻量化的几何细节层级分为三级，即简化级表示、标准级表示和扩展级表示。

b）开关柜、断路器三维模型轻量化时应符合 GB/T 24734.11 中第 7 章规定的标准级表示。

6.2 模型转换要求

模型转换应满足以下要求：

a）可从开关柜、断路器的三维模型中抽取 EBOM 结构。

b）可读取开关柜、断路器的三维模型形状信息。

c）可集成开关柜、断路器的三维模型中的各类工程属性信息。

6.3 PBOM 构建要求

PBOM 构建应满足以下要求：

a）可通过与 PDM/CAD 集成的方式获取 EBOM 信息。

b）可在 EBOM 的基础上，根据制造工艺需要重新定义零组件层次关系，并过滤 EBOM 中零部件部分属性信息，形成 PBOM。

c）可对 PBOM 节点的属性进行编辑与维护。

d）可支持创建虚拟件节点。

6.4　装配工艺路线设计要求

装配工艺路线设计是对产品进行工序创建、装配件分配、制定流程，并形成装配工艺路线的过程。按照中低压输配电行业典型产品断路器进行装配工艺路线设计应满足以下要求：

a）可采用消耗式装配件分配模式，对每道工序分配对应的零部件。

b）应支持从三维视图中直接分配装配件。

c）工艺规划可采用工序流程图与三维模型相结合的方式进行。

d）可形成开关柜、断路器的装配工艺路线，如图 2 和图 3 所示。

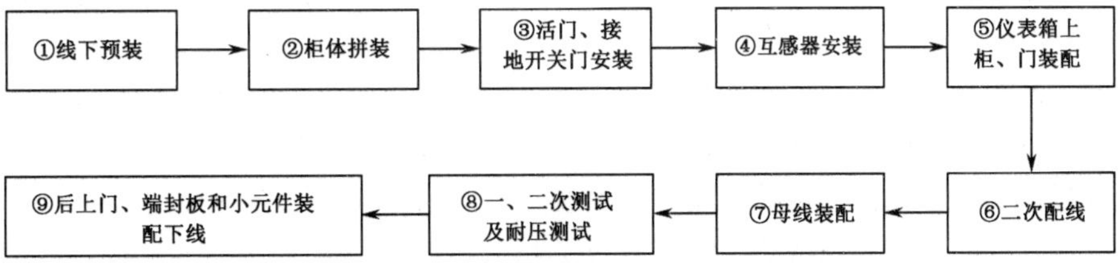

图 2　KYN28 开关柜的装配工艺路线

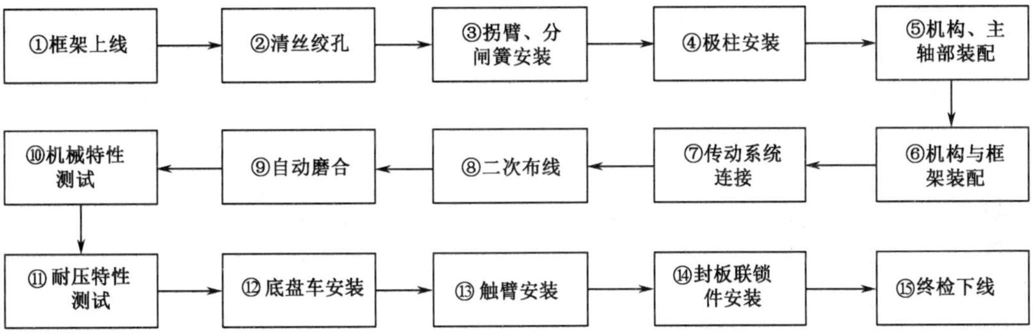

图 3　VXB-12 断路器的装配工艺路线

6.5　详细设计要求

6.5.1　基本装配路径定义要求

基本装配路径定义应满足以下要求：

a）应支持直线装配路径定义，能通过输入距离值进行精确装配路径定义。如拐臂安装可用直线装配路径定义，柜架拼装可用直线装配路径定义。

b）应支持旋转装配路径定义，能通过输入旋转角度进行精确装配路径定义。如极柱安装时的翻转动作可用旋转路径定义。

c）应支持螺旋装配路径定义，能通过指定螺距、圈数、旋向进行螺旋装配路径定义。如机构连接时的螺栓动作可用螺旋路径定义，活门机构用螺栓固定于侧板时的螺栓可用螺旋路径定义。

6.5.2　复杂装配操作定义要求

复杂装配操作定义应满足以下要求：

a）可支持变形类装配，包括 O 型密封圈、弹性垫圈、弹簧，可通过设置变形起点、变形量定义变形操作。如极柱安装时弹垫的安装可通过变形活动来定义。

b）可支持粘接类装配，支持通过选择涂胶工具、胶体颜色、胶体形状从而产生三维胶体，涂胶类型应包括点类型、线类型、面类型。如主轴与机构工序进行轴承安装时，内外侧涂抹润滑脂可通过选择涂胶工具、胶体颜色、胶体形状来定义。

c）可支持清丝、绞孔定义。如对箱体上顶板，左、右侧板和前沿底部孔进行清丝、绞孔定义。

6.5.3 三维装配工艺标注要求

三维装配工艺标注为三维工艺设计时对开关柜、断路器三维装配过程进行补充说明的信息，包含三维工程符号标注、三维文字标注、尺寸标注、标签标注、图片标注、BOM 表格标注、特殊操作强调。应满足以下要求：

a）三维工程符号标注应包括粗糙度、公差、基准、序号。

b）应支持三维文字标注，包括确定文字标注面、文本内容、文字颜色、字体、外框信息。如开关柜、断路器产品进行终检时粘贴标识，在产品表面添加标识可通过三维文字标注说明。

c）应支持三维尺寸标注，包括直径、半径、距离、角度、长度。如进行极柱安装时旋转角度可用角度标注说明。

d）应支持标签标注，支持多锚点，仿真时锚点跟随锚定的对象移动，文字总是朝向屏幕，支持样式设置。如进行分闸簧组件安装时，对螺钉紧固力矩值可用标签标注说明。

e）应支持图片标注，支持 BMP、JPG、PNG 格式图形文件，可对插入的图片进行缩放、移动处理。

f）可支持 BOM 表格标注，在三维窗口中创建、显示 BOM 表格。如关键工序装配时可采用 BOM 表格显示当前工序所需的装配件。

6.6 仿真验证要求

三维工艺设计系统应提供仿真验证功能，检查装配工艺规划的合理性，检查被装配的零部件之间、工装/工具与零部件之间是否有干涉，并出具干涉检查报告。应满足以下要求：

a）可综合产品装配件的装配顺序和装配路径，形成装配过程序列。

b）可实时分析装配件在装配环境中的装配过程是否存在碰撞问题、不协调问题，并反馈分析结果。

c）可根据分析结果对产品装配单元的装配顺序或装配路径做出调整，改进产品的可装配性。

d）可对调整结果反复进行装配过程模拟，直到完全解决碰撞问题和不协调问题。

e）可支持装配尺寸链封闭环验算要求。

f）可支持正向装配仿真和反向拆卸仿真。

g）干涉检查报告内容应包括干涉对象、干涉位置。

[参考 GB/T 26101—2010 中的 6.4]

6.7 文件发布要求

6.7.1 现场可视化要求

三维工艺文件现场可视化应满足以下要求：

a）应支持交互式的动态工艺过程浏览，包括平移、缩放、旋转、三维动画。

b）应支持工艺信息展示，包括断路器和开关柜工艺流程、工序信息（如工序名称、内容等）、装配件清单信息、工具/工装/辅料清单信息。

6.7.2 文件输出要求

三维工艺文件输出应满足以下要求：

a）应可输出三维装配工艺文件，支持交互式的动态工艺过程浏览。工艺信息应包括工艺流程、工序信息、装配件清单信息、工具/工装/辅料清单信息。

b）可输出连续式的可打印的二维工艺规程文件，二维工艺规程文件应包括工艺流程、工序信息、装配件清单信息、工具/工装/辅料清单信息。

c）可输出视频文件，视频文件格式应支持 AVI 格式，可支持 MP4、WMV、FLV 格式。

d）可输出各类汇总表，包括 BOM 表格、工具/工装清单。

6.8　三维工艺优化要求

三维工艺优化宜满足以下要求：

a）可支持在工艺规划阶段进行优化。工艺规划阶段可通过与生产过程仿真系统集成，根据反馈结果对工艺流程进行优化。

b）可支持在投产阶段进行优化。产品生产阶段可通过 MES 系统反馈生产现场质量状况，并根据质量问题记录修改/优化工艺规程。

7　三维工艺管理要求

7.1　业务过程管理要求

业务过程管理应满足以下要求：

三维工艺系统管理基本业务过程分为编制—校对—审核—批准—发布五个基本阶段，具体应用时可进行裁剪或扩展，可采用通用权限模型为不同阶段的不同角色分配相应的权限。

7.2　工艺审签要求

三维工艺审签内容应包括工艺路线、工艺过程仿真、工艺技术要求、工序/工步属性信息，应满足以下要求：

a）可支持多人协同审签，多名审签者可同时进行审签，审签完成后，再次修改时可显示所有审签者的意见。

b）审签数据应包括角色、审签意见、日期、阶段。

c）审签过程应支持在三维视图中添加标签说明，三维窗口可直观查看审签内容。

7.3　工艺文件技术状态管理要求

工艺文件技术状态管理应满足以下要求：

a）工艺文件技术状态可按生命周期的不同阶段分为编制、修改、预发布、发布、废弃五个基本状态，具体应用可根据需要进行技术状态类型裁剪或扩展。

b）可支持工艺文件版本管理、有效性管理。

c）可支持变更管理，包括变更流程模型定义。

[参考 GB/T 28282—2012 中的 6.4.1，根据行业需求进行修改]

7.4　三维工艺资源要求

7.4.1　三维工艺资源内容要求

三维工艺资源应包括设备、工具、工装。

a）设备应包含：耐压测试设备、机械测试设备及测试台、检验测试台。

b）工具应包含：螺丝刀、开口扳手、气动扳手、套筒扳手、专用扳手、悬臂吊、锥形模具。

c）工装应包含：开关柜翻转辅助工装、断路器翻转辅助工装。

7.4.2 三维工艺资源使用要求

三维工艺资源使用应满足以下要求：

a）应支持通过引入外部资源模型参与虚拟装配定义。

b）可通过资源库方式调用三维资源参与虚拟装配定义。

c）可在产品结构中引入全局工装参与虚拟装配定义。

d）应支持对三维工艺资源进行重新定位。

e）应支持三维工艺资源参与装配过程定义并可进行干涉检查，检查资源使用过程中是否存在干涉。

8 系统数据要求

8.1 三维信息数据要求

三维工艺系统可直接导入三维模型，可将三维模型的 EBOM 结构、形状信息、工程属性信息提取到三维工艺系统中，作为三维工艺设计的输入。应包含以下内容：

a）应支持主流三维 CAD 设计的三维模型。

b）可提取三维模型中的各类工程属性信息，包括物料编码、物料分类码、物料名称、零件图号、生产类型、零部件重量、零部件规格等。开关柜、断路器三维模型信息数据如表 1 所示。

表 1 三维模型信息数据

数据项	字段列名	备注
物料编码	PART_NO	唯一标识
物料分类码	TYPE_NO	
物料名称	PART_NAME	
零件图号	DRAWING_NO	
生产类型	PART_TYPE	自制件/外购件/标准件
零部件重量	PART_WEIGHT	物料的重量
零部件规格	PART_SPEC	物料的规格

8.2 三维工艺系统与 PDM 系统集成的数据要求

三维工艺系统与 PDM 系统进行集成，可接收 PDM 系统中的三维模型、EBOM 信息以及各类工程属性信息，作为三维工艺设计的输入。应包含以下内容：

a）三维工艺系统可从 PDM 系统接收信息，包括三维模型、EBOM 信息以及各类工程属性信息。

b）三维工艺系统可进行 EBOM 与三维模型结构的比对。

8.3 三维工艺系统与 MES 系统集成的数据要求

三维工艺系统与 MES 系统集成应包含以下内容：

a）三维工艺系统应提供工艺文件信息抽取接口，支持 MES 系统提取结构化工艺信息，包括工序号、工序名称、工序内容、装配件清单，以及其他扩展属性。开关柜、断路器产品中三维工艺系统与 MES 系统集成的数据如表 2 所示。

表 2　三维工艺系统与 MES 系统集成的数据

	数据项	字段列名	备注
工艺信息	工艺编号	PLANNING_NO	唯一标识
	产品物料编码	PRODUCT_NO	
	产品物料名称	PRODUCT_NAME	
工艺路线	工艺编号	PLANNING_NO	
	工序号	ROUTING_NO	
	工序名称	ROUTING_NAME	
	工序内容	CONTENT	
	是否检验工序	IS_CHECK	
	工时	WORK_TIME	
工位物料	工艺编号	PLANNING_NO	
	工序号	ROUTING_NO	
	装入件物料编码	MATERIAL_NO	
	装入件物料名称	MATERIAL_NAME	
	数量	QUANTITY	
三维作业要领书	工序编号	PROCESS_NO	
	工序号	ROUTING_NO	
	文件名称	FILENAME	
	文件位置	FILELOCATION	

b）三维工艺系统应提供交互式的三维工艺浏览控件和浏览应用程序，供 MES 系统现场浏览三维工艺文件。

c）MES 系统反馈现场质量数据可通过结构化数据与三维工艺系统集成，质量数据为基于工序的质量问题统计报表。MES 系统反馈的数据如表 3 所示。

表 3　MES 系统反馈的数据

数据项	字段列名	备注
唯一标识（主键）	CDOC_ID	
物料编码	MATERIAL_NO	
物料名称	MATERIAL_NAME	
工序号	COP_CODE	
问题描述	DESCRIBE	
处理结果	RESULT	

[参考 GB/T 28282—2012 中的 6.7.5，根据行业需求进行修改]

8.4　三维工艺系统与生产过程仿真系统集成的数据要求

三维工艺系统可与生产过程仿真系统集成，包含以下内容：

a）三维工艺系统可将工艺数据传递给生产过程仿真系统，包括：工艺路线、MBOM、设备/工装清单信息。开关柜、断路器产品中三维工艺系统与生产过程仿真系统集成的数据如表 4 所示。

表 4　三维工艺系统与生产过程仿真系统集成的数据

	数据项	字段列名	备注
工艺信息	工艺编号	PLANNING_NO	唯一标识
	产品物料编码	PRODUCT_NO	
	产品物料名称	PRODUCT_NAME	
工艺路线	工艺编号	PLANNING_NO	唯一标识
	工序号	ROUTING_NO	
	工序名称	ROUTING_NAME	
	工序内容	CONTENT	
	是否检验工序	IS_CHECK	
	工时	WORK_TIME	
工位物料	工艺编号	PLANNING_NO	唯一标识
	工序号	ROUTING_NO	
	装入件物料编码	MATERIAL_NO	
	装入件物料名称	MATERIAL_NAME	
	数量	QUANTITY	
关键工位仿真动画	工序编号	PROCESS_NO	
	工序号	ROUTING_NO	
	文件名称	FILENAME	
	文件位置	FILELOCATION	

b）生产过程仿真系统宜通过文件方式反馈仿真结果到三维工艺系统，仿真数据应包含：物料名称、工序号、设备利用率、设备空闲率等。生产过程仿真系统反馈的数据如表 5 所示。

表 5　生产过程仿真系统反馈的数据

数据项	字段列名	备注
唯一标识（主键）	CDOC_ID	
物料编码	MATERIAL_NO	
物料名称	MATERIAL_NAME	
工序号	COP_CODE	
设备利用率	DESCRIBE	
设备空闲率	RESULT	

参考文献

[1] GB/T 26099.1—2010　机械产品三维建模通用规则　第 1 部分：通用要求
[2] GB/T 26099.3—2010　机械产品三维建模通用规则　第 3 部分：装配建模
[3] GB/T 26101—2010　机械产品虚拟装配通用技术要求
[4] GB/T 26102—2010　计算机辅助工艺设计　导则
[5] GB/T 28282—2012　计算机辅助工艺设计　系统功能规范

成果六

中低压输配电装备　智能化工厂 评价指南

引　言

标准解决的问题：

本标准确立了中低压输配电装备行业智能化工厂评价框架，提出了评价过程和方法、评价内容要求等。

标准的适用对象：

本标准适用于中低压输配电装备行业企业，为行业组织、各级主管部门、企业自身开展智能化工厂评价提供指导和参考依据。

专项承担研究单位：

西安高压电器研究院有限责任公司。

专项参研联合单位：

西安西电电气研究院有限责任公司。

专项参加起草单位：

华中科技大学、华工制造装备数字化国家工程中心有限公司、西电宝鸡电气有限公司、河南森源电气股份有限公司、天水长城开关厂有限公司、厦门华电开关有限公司、武汉制信科技有限公司。

专项参研人员：

李翌辉、杜玮、张镁、胡进寿、李侠、赵红武、陈荣伟、喻志民、史亚斌、苏晓毅、刘壮、贾涛、颜莉萍、蒋宗敏、赵勇、高智、王东、闫兴浪、张晋波、孙梅、吴钊、杜东、马占峰、张婷、叶连杰、侯建华、王莎、史永锋、朱海平、江小刚、顾总理、于庆瑞、高国芳、周建朋。

中低压输配电装备　智能化工厂　评价指南

1　范围

本标准确立了中低压输配电装备行业智能化工厂评价框架，提出了评价过程和方法、评价内容要求等。

本标准适用于中低压输配电装备行业企业，为行业组织、各级主管部门、企业自身开展智能化工厂评价提供指导和参考依据。

2　规范性引用文件

下列文件对于本文件的应用是必不可少的。凡是注日期的引用文件，仅所注日期的版本适用于本文件。凡是不注日期的引用文件，其最新版本（包括所有的修改单）适用于本文件。

3　术语和定义

IEC 62443、GB/T 18725—2008 中界定的以及下列术语和定义适用于本文件。

3.1　智能化工厂　smart factory

智能化工厂是智能制造技术的载体，在其中数字化、信息化、智能化技术与设计、生产、物流等业务环节得到广泛结合。

3.2　虚拟现实　virtual reality

可以对真实世界进行动态模拟，产生的动态模拟环境能对用户的姿势、语言命令等做出实时响应，也就是说计算机能够跟踪用户的输入，并及时按输入修改模拟获得的虚拟环境，使用户和模拟环境之间建立起一种实时交互性关系，进而使用户产生身临其境的感觉。交互性（interaction）和沉浸性（immersion）是 VR 技术的两个基本特征。

[GB/T 18725—2008 中的 3.246]

3.3　协同设计　collaborative design

为了完成某一设计目标，由两个或两个以上设计主体，通过一定的信息交互和互相协同机制，分别以不同的设计任务共同完成一个设计目标。协同设计具有多主体、协同性、目标一致性和灵活性的特点。

[GB/T 18725—2008 中的 3.51]

3.4　工业控制系统　industrial control system

一个包括人员、硬件以及软件，能够对工业过程的安全性、可靠性造成影响的集合。

[改写自 IEC 62443-1-1 中的 3.1.53]

3.5　柔性生产能力　flexible capability

机床在加工过程中能很快适应加工处理不同零件的能力。

[GB/T 18725—2008 中的 3.121]

4　缩略语

AGV：自动导引小车（Automated Guided Vehicle）
BOM：物料清单（Bill of Material）
CAD：计算机辅助设计（Computer Aided Design）
CAPP：计算机辅助工艺规划（Computer Aided Process Planning）
DNC：分布式数控（Distributed Numerical Control）
ERP：企业资源规划（Enterprise Resource Planning）
MDM：主数据管理（Master Data Management）
MES：制造执行系统（Manufacturing Execution System）
NC：数控（Numerical Control）
PCC：生产监控中心（Production Control Center）
PDM：产品数据管理（Product Data Management）
PLM：生命周期管理（Product Lifecycle Management）
PLC：可编程逻辑控制器（Programmable Logic Controller）
RFID：射频识别（Radio Frequency Identification）
SCADA：数据采集与监视控制系统（Supervisory Control and Data Acquisition）
WMS：仓储管理系统（Warehouse Management System）
WCS：仓库控制系统（Warehouse Control System）

5　评价框架

本评价框架包括制造、智能两个维度，并规范两个维度下相关的评价关键要素（见图 1），包括 9 个一级指标、24 个二级指标、41 个三级指标，并针对每个三级指标给出了 5 个级别的关键特征描述（详见 7.1 节的表 1）。

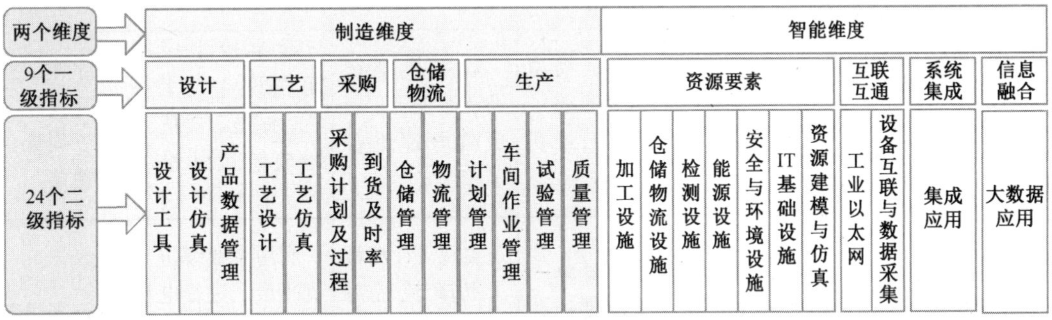

图 1　评价框架

制造维度旨在对智能化工厂内不同业务单元的智能化水平进行总体评价，如设计业务的智能化应用水平、工艺业务的智能化应用水平、制造业务的智能化应用水平等。主要对设计、工艺、采购、仓储物流、生产等一系列相互联系的环节的智能化应用水平进行评价，包括设计工具、设计仿真、产品数据管理、工艺设计、计划管理、质量管理等指标。

智能维度旨在从智能技术、智能化基础建设、智能化结果的角度对工厂的智能化应用水平进行评价，如资源建模与仿真的建设水平、系统集成的建设水平等。主要围绕资源要素、系统集成、互联互通、信息融合等方面进行智能化应用水平评价，重点评价智能化工厂各关键要素的集成与协同水平。主要包括：加工设施、仓储物流设施、IT 基础设施、资源建模与仿真、工业以太网、集成应用、大数据应用等。

基于本评价框架，附录 A 给出中低压输配电装备行业企业智能化工厂评价详细指南，附录 B 给出中低压输配电装备行业企业智能化工厂评价指标体系构建和评价方法。

6 评价过程和方法

行业企业评价过程中，核心评价过程和方法如下：

a）应根据企业实际情况选取评价框架中两个维度对应的三级指标，并对每个三级指标结合企业实际情况，进行调研、取证、记录。

b）应根据调研、取证及分析的结论，对每个三级指标进行评分。再根据三级指标的得分及每级指标的权重，逐级进行加权计算，得出综合得分。

c）可根据综合得分进行评级。应用水平等级可分为：一级、二级、三级、四级、五级。

d）可对评价结果进行分析，找出差距，并结合智能化工厂建设目标及路径制定相应对策。

7 评价内容

7.1 评价体系

智能化工厂评价指标体系如表 1 所示。

表 1 智能化工厂评价指标体系

一级指标	二级指标	三级指标	一级特征描述	二级特征描述	三级特征描述	四级特征描述	五级特征描述
设计（10%）	设计工具（30%）	三维 CAD 应用（60%）	基于二维 CAD 出图	新品三维出图比例 100%，产品三维出图比例＜50%	产品三维出图比例≥50%且＜90%	产品三维出图比例≥90%	实现产品 MBD 三维实体模型中产品尺寸、公差的标注
		数字模型的应用（40%）	在设计阶段应用数字模型	数字模型应用覆盖了设计、工艺两个阶段	数字模型在设计、工艺、制造阶段都进行了应用	数字模型应用在设计、工艺、制造、质量检验阶段都进行了应用	数字模型应用实现了从设计、工艺、制造、质量、售后的全覆盖
	设计仿真（虚拟现实）（25%）	仿真数据管理和仿真流程管理（100%）	初步应用了仿真技术，如电路设计与仿真，可将仿真分析报告纳入系统管理	实现单一学科设计仿真流程，以及工具、数据的统一管理	实现设计流程与仿真流程融合，并在系统中进行管理。应用了企业级仿真平台	利用企业级仿真平台。进行电路设计与仿真、空间走线图及元器件布局、整机性能分析等应用	实现多学科设计仿真数据与流程管理的融合

续表

一级指标	二级指标	三级指标	一级特征描述	二级特征描述	三级特征描述	四级特征描述	五级特征描述
设计（10%）	产品数据管理（45%）	PDM系统应用（100%）	尚未使用PDM系统，图纸及文档通过文件服务器等方式进行分类管理	应用了PDM系统，主要管理图纸及文档	应用了PDM系统，进行人员组织、权限管理、文档管理、流程管理、变更管理	应用了PDM系统，在前一阶段的基础上还能进行产品配置管理、产品结构管理、项目管理	应用了PDM系统，在数字化设计和制造中，作为异地协同平台，实时信息共享。进行全生命周期管理
工艺（20%）	工艺设计管理（80%）	工艺路线（60%）	没有使用数字化工艺设计系统，使用一些工艺模板进行工艺设计	使用派生式工艺设计方法，按照零件结构和工艺的相似性，构建标准工艺，在标准工艺上进行修改	使用创成式工艺设计方法，根据零件信息自动生成工艺方法	基于三维CAD模型的并行三维工艺设计模式，在零件三维设计模型中提取制造特征，采用三维模式进行零件的工艺规划	采用智能工艺设计方法，根据构建的专家知识进行推理决策，进行工艺设计
		工艺资源管理（40%）	工装模具尚未纳入系统进行管理	通过系统实现部分工装模具的管理。如设备、工装、模具、工具、量具等资源的基础信息管理	实现工艺资源的二维图示化管理，包括设备、工具、量具等	实现工艺模具的图纸和工艺卡片管理	实现基于三维MBD的工装模具模型管理
	工艺仿真（20%）	装配仿真（100%）	实现了简单的装配仿真和干涉检查，从装配工艺规划部分获取装配顺序和路径，简单地模拟零部件装配过程，指出各条路径是否存在干涉	进行动态装配仿真和干涉检查，以装配顺序为基础，可对初始路径及其关键点位姿进行实时动态的交互修改与调整，干涉检查可指出各条路径及相邻关键点之间的干涉动态碰撞情况	考虑制造资源和人机工程的装配仿真，构建工装数字化模型，依据定义好的定位关系，检查与工装的干涉情况。构建了参数化人体模型，通过装配约束优化人的姿势、操作和空间	基于仿真知识库进行装配仿真，根据仿真知识自动依据装配顺序和路径规划进行简单部件的装配工艺仿真	通过构建仿真知识库，与机床、工件等的预测反馈信息结合，采用仿真专家系统进行工艺仿真
采购（10%）	采购计划及过程（60%）	采购计划（40%）	根据仓库及工厂生产需求，通过人工方式传递一次及二次采购计划到供应商，采购计划尚未纳入信息系统进行管理	根据仓库及工厂生产需求，手工录入方式生成一次及二次采购计划	实现了通过系统MRP、订货点自动生成采购计划，但计划需人工进行调整	实现了通过系统MRP、订货点自动生成采购计划，采购计划时考虑安全库存、采购提前期、经济采购批量等因素，生成准确的采购计划	对不同物料采取了不同的采购策略，如JIT采购、VMI采购等

续表

一级指标	二级指标	三级指标	一级特征描述	二级特征描述	三级特征描述	四级特征描述	五级特征描述
采购（10%）	采购计划及过程（60%）	采购过程（60%）	采购关键过程，如采购订单、交货、收货等过程基本通过人工方式进行管理	部分采购过程纳入信息化管理。如：采购订单、交货等，单据之间未完全建立关联	部分过程纳入信息化管理，部分单据之间建立了关联，如：可通过采购订单查找到与之关联的收货单	信息化覆盖从采购询价、采购计划、采购收货、付款的全流程管理	进行供应商交互、供应商协同、运输过程实时跟踪等方面的管理
	及时到货率（40%）	及时到货率（100%）	及时到货率80%以下	及时到货率≥80%且＜90%	有明确的采购提前期管理；及时到货率≥90%且＜95%	有精确的采购提前期管理；及时到货率≥95%且＜98%	及时到货率≥98%
仓储物流（10%）	仓储管理（50%）	库存管理及策略（30%）	通过手工记账的方式，进行出库、入库等日常管理	有独立的仓储管理系统支持日常的仓储管理，如出库、入库、调拨等。但系统未实现集成	信息化系统覆盖了库存管理主要流程，如出库、入库、库存调拨等，并实现了物料分类管理（如ABC管理）	通过系统实现了安全库存、最小库存、先进先出等精细化管理，进行库存的优化与分析管理	通过系统实现了合作伙伴参与库存管理，如支持不同供应链管理策略，企业采购信息的发布，对合作伙伴的质量管理等
		仓储系统应用（60%）	应用了ERP库存管理模块	应用了WMS系统	应用了WCS系统（仓库设备控制系统）	实现了WMS与WCS的集成	实现了ERP、WMS、WCS的集成应用
		库存周转率（10%）	应用信息系统之后，库存周转率≥1.0且＜3.0	应用信息系统之后，库存周转率≥3.0且＜4.0	应用信息系统之后，库存周转率≥4.0且＜5.0	应用信息系统之后，库存周转率≥5.0且＜6.0	应用信息系统之后，库存周转率≥6.0
	物流管理（50%）	物流标识水平（45%）	尚未应用物料的标识技术，如条码、二维码等	初步应用了条码、二维码自动识别技术等，实现部分原材料的识别	通过条码、二维码自动识别技术等实现了对原材料及产成品的识别	初步应用了RFID自动识别技术、实现部分原材料的识别	应用了RFID技术，完全实现了原材料及产成品识别
		配送效能（45%）	以领料方式为主，尚未采用配送模式	初步实现物料配送，物料输送效率提升5%至20%，差错率降低5%至20%	物料配送效率提升20%至30%，差错率降低20%至30%	物料配送效率提升30%至50%，差错率降低30%至50%	物料配送效率提升50%以上，基本无差错
		发货管理（10%）	发货管理主要依据客户要货计划进行人工跟催和协调	可通过信息系统掌握生产进度，对发货计划提前安排和调整，运输资源主要靠外包，尚未实现对运输资源的管理	实现对运输资源的管理。与生产计划集成，可提前获知生产完工信息，以便安排相应运输资源	实现了运输资源配置优化及能力平衡，可根据运输能力、空间等要素安排最合理的运力	运输分析，提出优化建议，包括运输成本的降低、运输资源的合理化配置等。如：通过运输方式的组合、路线的优化、运力及周期的配置等使效益最大化

续表

一级指标	二级指标	三级指标	一级特征描述	二级特征描述	三级特征描述	四级特征描述	五级特征描述
生产（20%）	计划管理（20%）	计划管理细度（100%）	生产计划制订、下达、调整尚未纳入信息系统进行管理，主要靠Excel等手段	可通过MRP实现产品及零部件的生产计划下发和反馈，计划细度到天或周	通过APS系统，实现车间作业计划的制订和下达。计划细度到天	通过APS系统，实现车间作业计划的制订，计划细度到小时	通过APS系统，实现车间作业计划的制订，计划细度到分钟
	车间作业管理（40%）	作业过程管理（60%）	初步使用了MES系统计划管理及生产执行模块	应用了MES系统高级排程及生产执行模块，可进行生产计划排程，生产过程执行及反馈	应用了MES系统的计划管理、生产执行、物料管理、质量管理等模块	应用了MES系统的计划管理、生产执行、物料管理、质量管理、设备管理、人员管理等模块	应用MES系统对人、机、料、法、环进行了全面管理
		产品质量追溯（40%）	实现了关键工序、关键物料数据的全程追溯	实现了生产过程的全程追溯	实现了设备、质量等过程数据的正、反双向追溯，可从原材料查询到产品，也可从产品查询到原材料	通过生产现场的自动化改造等措施，实现了生产现场数据根据任一字段都可追溯到与产品相关的设备、人员、质量等所有信息	通过信息物理系统的可变信息网络在任何地方和任何时间进行质量数据搜集和追溯
	试验管理（20%）	试验资源管理（70%）	试验资源（如绝缘、静电、耐压试验及检测设备）信息化覆盖率<20%	试验资源（如绝缘、静电、耐压试验及检测设备）信息化覆盖率≥20%且<40%	试验资源（如绝缘、静电、耐压试验及检测设备）信息化覆盖率≥40%且<60%	试验资源（如绝缘、静电、耐压试验及检测设备）信息化覆盖率≥60%且<80%	试验资源（如绝缘、静电、耐压试验及检测设备等）信息化覆盖率≥80%
		试验数据管理（30%）	实验计划、实验大纲、实验报告文本纳入系统管理	实现对实验过程的管理和过程文本记录	实现对实验过程的管理和实验过程数据的结构化记录	实现产品研发过程数据（如机械特性要求）与实验过程数据的单向传递	实现实验过程与产品开发过程的闭环管理，实验过程数据实现从需求分析到报废回收的全过程影响分析
	质量管理（20%）	过程产品质量控制自动化程度（100%）	实现了事后监控，设置质量检测点，进行质量监控，对采集的质量数据进行分析，判断是否超过公差限，对不合格品进行返修	实现了事中监控，在对质量监测点采集的数据进行判断分析后，根据原因进行制造系统的调整，保证后面生产的零件合格	实现了事前质量监控，对质量检测点的历史数据建立统计分析控制图，通过建立的控制图监控对新采集的样本进行监控分析，判断过程是否失控	建立了分布式制造现场状态管理及质量控制系统，设置了多个质量检测/监控站点，进行质量检测和数据录入，设置了SPC报警装置，进行失控报警和过程回调	实现了质量预控制，采用SPC对质量状态信息进行监控，预先判断未制造的过程是否失控

续表

一级指标	二级指标	三级指标	一级特征描述	二级特征描述	三级特征描述	四级特征描述	五级特征描述
资源要素（10%）	加工设施（30%）	智能化水平（70%）	基本使用普通加工设备	使用了部分数控设备并实现联网	设备具备自身状态监控、故障诊断与预警的能力；该类设备占比20%以上	设备实现了对工件、加工环境等的感知能力；该类设备占比30%以上	设备实现智能决策、过程适应控制、误差补偿智能控制、加工运动轨迹优化控制等功能；该类设备占比 30%以上
		柔性化水平（30%）	不同类型的产品使用不同的加工设备或生产线，不具备共线生产的条件	部分工序可实现生产设备的共用	同谱系或同平台的产品下，装配流水线具备共线加工能力	加工尺寸范围内，零件加工设备具有自动切换NC 程序的能力	零件加工设备、装配流水线具备自动装夹、NC 程序切换与自动换线的能力
	仓储物流设施（30%）	自动化水平（100%）	试点应用AGV	试点应用立体仓库	应用了 AGV 和立体仓库	应用了 AGV 和立体仓库、穿梭车、拆码垛机器人等设备	应用了 AGV 和立体仓库、穿梭车、拆码垛机器人、智能分拣设施等
	检测设施（20%）	检测自动化水平（100%）	检验自动化设备比例低于 10%（如耐压测试设备、机械测试、回路电阻测试仪、检验测试台等）	检验自动化设备比例达≥10%且＜20%	检验自动化设备比例≥20%且＜60%（如耐压测试设备、机械测试、回路电阻测试仪、检验测试台等）	60%以上的检验设备为自动化设备，并可与信息系统集成（如耐压测试设备、机械测试、回路电阻测试仪、检验测试台等）	20%及以上的检验设备与生产线集成，可实现无人化检验、预警与停线
	能源设施（5%）	能耗数据采集时效性（50%）	未安装相应的智能仪表，基本不具备能耗采集条件	对部分种类的能源实现了数据采集和统计	对关键设备和车间级能源消耗进行了计量统计	通过智能仪表实现了设备能耗精细化管理、可实时远程采集和多重统计	通过能源消耗曲线与生产进度曲线对比，发现能源消耗异常，并主动进行超限预警、预测与反控制
		能源监控设施（50%）	应用了普通的能源仪表	关键设备或产线安装了智能电表水表，实现了能源采集	部分生产车间安装了能源仪表	全厂实现了在线实时能源采集与监控	实现了能耗数据的自动统计分析、超限预警、预测与反控制
	安全与环境设施（5%）	安全与环境监控设施（100%）	实施了视频监控系统	至少建立了对火灾、工业场所有害物质进行识别和监控的安全监控设施	部分安全环境设施能与信息系统实现集成	完全实现了安全环境监控设施与信息系统的集成	安全环境设施具备监控、报警和自动处置能力。实时监控企业环境、安全状况，并在异常出现前、发生时、发生后都可进行处理

续表

一级指标	二级指标	三级指标	一级特征描述	二级特征描述	三级特征描述	四级特征描述	五级特征描述
资源要素（10%）	IT 基础设施（5%）	服务器管理（50%）	服务器分散在各个部门，没有集中管理，服务器安全设置依赖于维护人员个人能力	服务器集中管理，与办公环境分离；定期升级服务器操作系统，采用防病毒、防木马、入侵监测和漏洞扫描等技术手段，确保服务器的安全、稳定	所有服务器运行状况能进行实时监控；对服务器出现的问题和解决方法有记录；通过提前设置，有效防止服务器出现问题。服务器意外宕机时间在企业可容忍的范围，所有宕机都有详细记录，并制定了相关工作预案	对服务器常见问题和解决方法进行了记录，并建立了内部知识库。通过采用服务器虚拟化技术，实现服务器虚拟机的动态迁移，在保证应用要求的前提下，实现服务器资源利用的最大化和能源消耗的最小化	对服务器运行情况记录进行分析基础上，找到最合适于企业的服务器部署、维护方法。在获得服务器稳定性、高可用性和可扩展性的同时，又能保持低成本。对故障能做到防患于未然，服务器意外宕机的时间为 0
		数据中心（50%）	未设立专门的数据中心，服务器分散在各个部门的工作场地，但有专人维护并有相应的管理制度	服务器和数据中心分离，数据中心有专门的场地、专人维护；并与普通办公环境完全分离；建立了相应的管理制度并严格执行	数据中心具备防静电地板、部署防雷、防火、防尘、双路冗余市电等完善基础设施，并能检测各项环境的变化	充分利用虚拟化技术，对服务器、存储、网络设备、电源、散热等众多环节实现端到端的远程智能化管理	采用云计算的技术，根据企业发展的要求，建立动态、绿色环保、低能耗的数据中心
	资源建模与仿真（5%）	资源建模（40%）	制造资源实现数字化建模的比例<30%	制造资源实现数字化建模的比例≥30%且<50%	制造资源实现数字化建模的比例≥50%且<70%	制造资源实现数字化建模的比例≥70%且<90%	制造资源实现数字化建模的比例≥90%
		布局仿真（30%）	尚未进行布局仿真应用	对部分生产线/单元进行了仿真。采用二维布局软件进行车间生产线布局设计，根据新建厂房的结构、面积、产品的工艺流程、分区设置，将场地进行合理的划分	新建重点工厂使用布局仿真。以二维仿真技术为主	工厂采用三维仿真技术进行车间布局设计，可通过空间分析发现新车间及生产线配置和布局规划的潜在问题，找到最佳的解决方案	对未来的生产需求进行预知，动态的响应实际生产的变化，设计柔性动态的车间布局

续表

一级指标	二级指标	三级指标	一级特征描述	二级特征描述	三级特征描述	四级特征描述	五级特征描述
资源要素（10%）	资源建模与仿真（5%）	物流仿真（30%）	尚未应用物流仿真技术	通过物流仿真实现工厂物流改造，可从仿真画面或是仿真后得到的数据图表等发现车间物流系统中存在的问题，然后分析问题的原因，进而对车间物流系统进行改进	通过物流仿真确定瓶颈资源，在生产之前较为准确地确定瓶颈工序，及时采取措施	通过物流仿真为库存管理提供有效的科学的依据，例如：通过仿真技术确定企业何时需要再订货，订多少货；仓库的选址、布局和容量大小；各种运输、装卸设备的数量及分配规则；货物的配送方案等	工厂实现物流仿真技术全方位的应用
互联互通（10%）	工业以太网（40%）	网络环境（60%）	采用少量网线将关键设备联系起来，构建局部的车间网络	按照不同班组，构建了车间的局域网	通过构建DNS实现大部分设备的联网与通信	采用看板实现所有设备的连接，并且实时地展现设备的状态信息和任务信息	通过CPS构建以太网，实现车间所有实体的互联
		网络安全（40%）	对网络安全主要出现的问题，没有制定相关策略	建立了以数据中心和服务器为核心的安全措施，采用了防火墙、视频监控等技术手段确保核心设备的安全；同时在内部网络上通过防火墙，用策略加以管理	采用域控、VLAN和IP+MAC控制等多种技术手段，对所有网络终端进行全面和有效管理。对互联网接入控制强，通过上网行为管理等工具保证互联网带宽不被滥用	能根据网络本身的情况，为应用设定不同级别，并有针对性地赋予不同的带宽，投入不同的服务支持水平，取得了用户体验和成本间的统一	建立了严密的网络安全控制手段，让用户能通过局域网、广域网、手机终端、PDA等终端安全使用信息化应用
	设备互联与数据采集（60%）	设备互联（50%）	设备尚未实现联网	部分数控设备实现联网	实现数控设备和PLC设备互联及工作协同	实现数控设备、PLC设备互联，普通机床的互联及工作协同	实现全设备（包括手工设备）互联和工作协同；可以自动进行维保提醒和报警，自动诊断和处理通信或程序异常；设备负载均衡和自我保护
		数据采集系统（50%）	设备尚不具备数据采集条件	部分数控设备实现数据采集，实现设备（剪、冲、折弯等）状态、加工工艺状态的实时采集和记录	可以及时采集数控设备、PLC的状态数据和加工数据。实现了班次产量、设备故障等信息的反馈汇报	可以采集数控设备、PLC和普通机床的状态数据，加工数据，工艺数据，质检数据等，使设备资源得到充分利用	实现采集所有设备的状态数据、加工数据、工艺数据和质检数据，使设备资源得到最有效利用

续表

一级指标	二级指标	三级指标	一级特征描述	二级特征描述	三级特征描述	四级特征描述	五级特征描述
系统集成（5%）	集成应用（100%）	端到端集成（50%）	没有使用集成技术，各个信息都是独立的	实现了 PDM 与 CAPP 的集成和应用	实现了 PDM 与 ERP 的集成和应用	实现了 PDM 与 ERP、MES 的集成和应用	实现贯穿产品的整个价值链的系统集成
		纵向集成（50%）	ERP 与物流管理系统的集成	实现 ERP 与物流管理系统、MES 集成	实现 ERP 与物流管理系统、MES、SCADA 集成	实现 ERP 与物流管理系统、MES、SCADA、产线及能源控制系统集成	实现工厂内部的垂直集成
信息融合（5%）	大数据应用（100%）	大数据来源（100%）	某些业务领域进行了大数据的应用试点	数据来源于工厂核心管理软件系统，如 PLM、ERP、MES 等	数据来源于工厂管理软件系统的集成，如 PLM、MES、ERP、CAPP 等	数据来源可向设备控制系统延伸，如数控系统、生产线控制系统、机器人控制系统、AGV 调度系统、立体仓库控制系统、质检设备系统、RFID 中间件等，控制系统接口及通信协议得到了统一	数据来源更进一步延伸，可来自外加传感器，如加装在设备、产品、工具上的传感器，可获取设备、产品、工具的实时状态信息（如振动、温度、磨损量、尺寸偏移量、能耗等）及移动物体（工具、物流设施、在制品、人）的位置信息等

7.2 指标说明

7.2.1 制造维度

7.2.1.1 设计

应评价与设计相关的设计工具应用、设计仿真应用、产品数据管理，以及试验等情况。评价项包括：

a）产品设计工具应用水平与能力，侧重于行业线路设计工具应用、柜体设计工具应用等。

b）产品设计仿真应用水平与能力，侧重于电路设计、元件位置及走线路径仿真应用等。

c）产品数据管理应用水平与能力，侧重于 PDM 系统功能在设计管理方面的应用情况。

7.2.1.2 工艺

应评价与工艺管理相关的工艺设计管理、工艺仿真等情况。评价项包括：

a）产品工艺设计管理水平与能力，侧重于钣金加工、母排加工、断路器装配、开关柜装配等工艺路线设计与制定方式，以及加工装配相关的设备、工装、图纸等资源的管理。

b）产品工艺仿真水平与能力，侧重于断路器、开关柜装配仿真的应用水平。

7.2.1.3 采购

应评价与采购管理相关的采购计划及过程管理、及时到货率的情况。评价项包括：

a）采购计划及过程管理信息化覆盖程度与精细化水平，侧重于一次及二次采购计划制订及下达方式，以及一次、二次元器件采购过程管理的信息化覆盖程度与应用水平。

b）及时到货率控制水平，侧重于对采购管控结果评价，从而反映其供应商管理、采购过程控制水平。

7.2.1.4 仓储物流

应评价与仓储物流相关的仓储管理、物流管理等情况。评价项包括：

a）仓储管理的精细化程度与水平，侧重于库存管理信息化覆盖程度、仓储系统的应用情况，以及库存周转率水平。

b）物流信息化管理的精细化程度与水平，侧重于一次、二次元器件、断路器等原材料及关键件的标识水平，物料配送效能，以及产品发货管理的信息化应用情况。

7.2.1.5 生产

应评价与生产制造相关的计划管理、车间作业管理、质量管理等相关的信息技术在产品生产制造中的应用水平。评价项包括：

a）生产作业计划信息化覆盖范围与控制水平，侧重于总装、部装、零件加工计划制订及下达方式、MES 系统对作业过程管理覆盖情况、产品质量追溯的信息化应用情况。

b）车间作业管理信息化覆盖范围与精细化程度，侧重于 MES 系统对作业过程管理信息化覆盖程度、产品质量追溯的信息化应用情况。

c）试验管理水平与能力，侧重于试验资源（如绝缘、静电、耐压试验及检测设备信息化覆盖率）和试验数据管理。

d）生产加工过程中质量管理精细化程度与控制水平，侧重于过程质量检测及分析的自动化、智能化水平。

7.2.2 智能维度

7.2.2.1 资源要素

应评价企业资源要素中，加工设施、仓储物流设施、检测设施、能源设施、安全与环境设施、IT 基础设施、资源建模与仿真等建设及应用情况。评价项包括：

a）加工设施智能化水平及柔性化水平，侧重于钣金加工设备、断路器装配线、开关柜总装生产线等智能化及柔性化水平。

b）仓储物流设施自动化水平，侧重于场内物流设施，如 AGV、立体库、拆码垛机器人、智能分拣设备的应用水平。

c）试验及检测设施自动化水平，侧重于机械特性、耐压测试、回路电阻测试等设备自动化水平。

d）能源监控设施应用水平，侧重于能源数据采集的覆盖范围及能源监测设施的智能化水平。

e）安全与环境监控设施应用水平，侧重于安全与环境设施和信息系统的集成水平、智能化水平。

f）IT 基础设施建设及管理水平，侧重于数据中心和服务器的建设、应用、管理、运维水平。

g）资源建模与仿真应用水平，侧重于企业资源建模、布局仿真、物流仿真等方面的建设及应用情况。

7.2.2.2 互联互通

应评价企业互联互通环节工业以太网、设备互联与数据采集等建设及应用情况。评价项包括：

a）工业以太网建设及应用水平，侧重于网络环境、网络安全等建设及应用情况。

b）设备互联与数据采集应用水平，侧重于设备互联与数据采集系统、设备控制系统的建设情况及水平。

7.2.2.3　系统集成

应评价系统集成环节端到端集成、纵向集成等情况。评价项包括：

a）端到端集成与应用水平，侧重于通过设计系统、工艺系统、ERP、MES 等实现贯穿产品整个价值链的系统集成。

b）纵向集成与应用水平，侧重于通过 ERP、物流管理系统、MES、SCADA、生产线及能源控制系统等实现工厂内部的纵向集成。

7.2.2.4　信息融合

应评价大数据应用环节大数据来源的应用情况。评价项包括：大数据获取来源及精细化程度，侧重于数据来源的获取深度及广度，如管理系统、设备控制系统、设备传感器等。

8　应用

本标准给出的是适用于中低压输配电装备行业企业的智能化工厂评价要求，可指导该行业企业评价、企业自我评价，以及 IT 服务企业咨询，引导和促进中低压输配电装备行业企业智能化工厂建设及应用持续改进。

附录 A
（规范性附录）
中低压输配电装备行业企业智能化工厂评价详细指南

为增强本评价标准在整个中低压输配电装备行业的适用性和易用性，帮助行业企业方便地获取适合其需求的细化指标，本附录对评价标准中的各项要求均进行了较翔实的分解细化。不同企业可依据自身特点和需求，对本附录中的各项细化内容进行选择、修订以及必要的细化。

A.1 制造维度

A.1.1 设计

a）设计工具

——三维 CAD 应用，其中：

三维出图比例=产品三维图纸总数/产品出图总数×100%。

——数字模型的应用。

b）设计仿真

——仿真数据管理与仿真流程管理。

c）产品数据管理

——PDM 系统应用。

A.1.2 工艺

a）工艺设计管理

——工艺路线。

——工艺资源管理。

b）工艺仿真

——装配仿真。

A.1.3 采购

a）采购计划及过程

——采购计划。

——采购过程。

b）及时到货率

——及时到货率，其中：

及时到货率=单位周期内及时到货的单数/该周期内所有到货的单数×100%。

A.1.4 仓储物流

a）仓储管理

——库存管理及策略。

——仓储系统应用。

——库存周转率，其中：

存货周转率=营业收入/存货平均余额；

平均存货余额=（期初存货+期末存货）÷2。

b）物流管理
——物流标识水平。
——配送效能。
——发货管理。

A.1.5　生产

a）计划管理
——计划管理细度。
b）车间作业管理
——作业过程管理。
——产品质量追溯。
c）试验管理
——试验资源管理，其中：
试验资源信息化覆盖率=与信息系统实现集成的试验设备数量/试验设备总数×100%。
——试验数据管理。
d）质量管理
——过程产品质量控制自动化程度。

A.2　智能维度

A.2.1　资源要素

a）加工设施
——智能化水平。
——柔性化水平。
b）仓储物流设施
——自动化水平。
c）检测设施
——检测自动化水平，其中：
自动化设施比例=自动化检测设施数量/检测设施总数×100%。
d）能源设施
——能耗数据采集时效性。
——能源监控设施。
e）安全与环境设施
——安全与环境监控设施。
f）IT 基础设施
——服务器管理。
——数据中心。
g）资源建模与仿真
——资源建模，其中：
制造资源实现数字化建模的比例=实现资源建模的数量/资源总数×100%。
——布局仿真。
——物流仿真。

A.2.2 互联互通

a）工业以太网

——网络环境。

——网络安全。

b）设备互联与数据采集

——设备互联。

——数据采集系统。

A.2.3 系统集成

a）集成应用

——端到端集成。

——纵向集成。

A.2.4 信息融合

a）大数据应用

——大数据来源。

附录B
（资料性附录）
中低压输配电装备行业企业智能化工厂评价指标体系构建和评价方法

本附录基于评价标准的基本原则与框架，以及评价内容要求，进一步给出行业企业智能化工厂评价指标体系构建、加权评分方法、评价判定规则等，以便于评价标准在行业企业应用和推广。评价指标体系构建按照评价内容要求展开，基于指标体系底层指标所采集的评价数据，加权评分方法可用于对各级评价指标进行定量评分，以支持开展综合评价分析和诊断。评价判定规则给出了可进行定性评价和判断的参考规则。

B.1 评价指标体系构建

B.1.1 构建原则

按照评价标准要求，评价指标体系构建应遵循以下原则：

a）评价指标体系应与评价标准中评价内容要求的层次结构相对应。评价标准的一级评价内容要求（制造维度的设计、工艺、采购、仓储物流、生产，以及智能维度的资源要素、系统集成、互联互通、信息融合）可作为指标体系的一级指标。以此类推，各下级评价指标可依据评价标准评价内容要求及附录A评价内容要求设置层次结构和内容。

b）评价指标体系一级和二级指标原则上与评价标准的一、二级评价内容要求相对应，三级指标可依据企业特点和需求进行适度调整和补充。

c）评价指标应能够表征和抽象评价内容要求，并充分反映行业企业智能化工厂的内涵、特征和需求。各下级表征性指标能够较好地支撑和反映其上级指标的表征内涵。

d）需去除重复性指标、难于采集数据的指标、缺乏分析价值的指标。

e）一般情况下，为提高可操作性，最终确定并用于实际测评的评价指标体系应在满足应用需求的前提下尽量简化。

B.1.2 构建步骤

按照评价标准要求，评价指标体系构建可采用如图B.1所示的构建步骤。

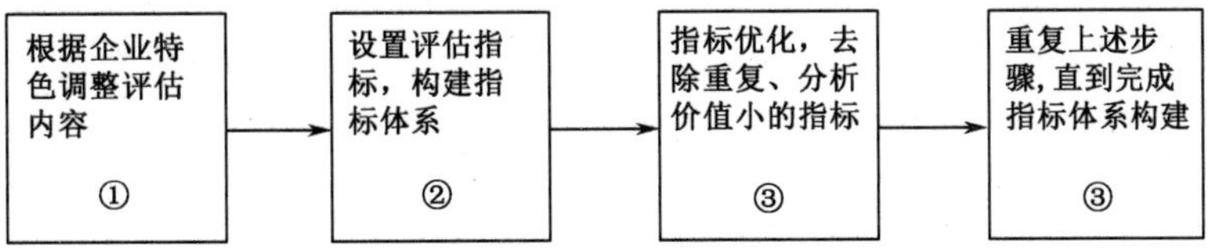

图B.1 构建步骤

a）按照企业的特色，基于评价标准的基本原则与框架、评价内容要求，参考附录A的评价内容，选择并修订各级评价内容要求，对部分评价内容要求进行必要调整、补充或细化。

b）依据修订后的各级评价内容要求，设置相对应的各级表征性评价指标，并对照评价标准各级评价内容要求的层次结构构建评价指标体系。

c）自底向上依次对评价指标体系各级指标进行必要的优化，对具有相同上级指标的同级指标进行校验，删除重复性指标、难于采集数据的指标、分析价值小的指标，并使得各下级表征性指标能够较好地支撑和反映其上级指标的表征内涵。

d）在必要情况下，重复上述步骤，构建完成评价指标体系。

B.2 加权评分方法

B.2.1 权重设置

评价指标体系中各级指标的权重设置应遵循或借鉴以下方面：

a）各企业一级指标的权重原则一致，二级及三级以下指标的权重可按照企业的特点和需求分别进行设置。

b）需考虑指标对落实行业企业战略、支撑业务发展的相对重要程度。

c）应在一定时期内保持相对稳定。

B.2.2 底层指标评分

评价指标体系中底层指标的评分应遵循或借鉴以下方面：

a）基于评价数据进行底层指标评分，可按照一定规则将具有不同计量单位和方式的定量或定性评价数据转化为能够进行加权计算的分值，并将其限定在某一区间范围内；

b）基于定量数据进行评分，可先确定该定量数据的最大理想阈值和最小可能阈值。分别参考行业最优、最劣值，最大、最小阈值进行辅助决策；

c）基于定性数据进行评分，基于专家知识和经验进行辅助决策。基于定性评价数据由专家直接打分得到指标分值。

B.2.3 加权评分

智能化工厂最终评价结果可分为不同的等级。将智能化工厂建设水平评判标准分为五个级别，即：一级、二级、三级、四级、五级。具体评价方法如下：

a）对调研的情况进行分析，对照关键特征描述（含一级、二级、三级、四级、五级共五个级别，关键特征所描述的内容在实现难度、应用层级上呈逐级递增的关系，将分别设置 20 分，即每个三级指标满分为五个级别的关键特征的分值的和，共 100 分）对三级指标进行评价和打分。

b）计算三级指标得分，公式为：三级指标得分=Σ关键特征得分。

c）计算二级指标得分，公式为：二级指标得分=Σ三级指标得分×二级指标权重。

d）计算一级指标得分，公式为：一级指标得分=Σ二级指标得分×一级指标权重。

e）计算总分，公式为：总分=Σ一级指标得分。

f）根据总分，判断智能化工厂建设水平等级。最终结果与等级对应关系如下：

一级：总分＜30；二级：30≤总分＜50；三级：50≤总分＜70；四级：70≤总分＜90；五级：总分≥90。

B.3 评价示例

以某中低压输配电行业企业为例，于 2017 年进行智能化工厂整体水平评价。专家在进行现场评价时，详细步骤如下。

第一步：选取评价体系对应的所有的三级指标，并对照每个三级指标，结合企业实际情况，进行调研、取证、记录（评价示例如表 B.1 第 7 列所示）。

表 B.1　评价示例

三级指标	一级特征描述	二级特征描述	三级特征描述	四级特征描述	五级特征描述	某企业现状记录
三维CAD应用（60%）	基于二维 CAD 出图	新品三维出图比例 100%，产品三维出图比例＜50%	产品三维出图比例≥50%且＜90%	产品三维出图比例≥90%	实现产品 MBD 三维实体模型中产品尺寸、公差的标注	公司已实现 CAD 替换手工，2005 年实现三维工具替代二维工具，出图比例达 60%
数字模型的应用（40%）	在设计阶段应用数字模型	数字模型应用覆盖了设计、工艺两个阶段	数字模型在设计、工艺、制造阶段都进行了应用	数字模型应用在设计、工艺、制造、质量检验阶段都进行了应用	数字模型应用实现了从设计、工艺、制造、质量、售后的全覆盖	设计过程中，部分零件及产品应用了数字模型
仿真数据管理和仿真流程管理（100%）	初步应用了仿真技术，如电路设计与仿真，可将仿真分析报告纳入系统管理	实现单一学科设计仿真流程及工具、数据的统一管理	实现设计流程与仿真流程融合，并在系统中进行管理。应用了企业级仿真平台	利用企业级仿真平台。进行电路设计与仿真、空间走线图及元器件布局、整机性能分析等应用	实现多学科设计仿真数据与流程管理的融合	可通过专业的仿真平台，在二次布线时可对开关柜空间走线及元器件布局进行仿真
PDM 系统应用（100%）	尚未使用 PDM 系统，图纸及文档通过文件服务器等方式进行分类管理	应用了 PDM 系统，主要管理图纸及文档	应用了 PDM 系统，进行人员组织、权限管理、文档管理、流程管理、变更管理	应用了 PDM 系统，在前一阶段的基础上还能进行产品配置管理、产品结构管理、项目管理	应用了 PDM 系统，在数字化设计和制造中，作为异地协同平台，实时信息共享。进行全生命周期管理	目前使用了 PDM 的核心功能模块包括：图文档管理、流程管理及变更管理
……	……	……	……	……	……	……

第二步：根据调研、取证及分析结论，对每个三级指标进行评分。对问题的评判需要专家在现场取证，将证据与关键特征描述比较，若符合某一级关键特征描述，则得分为该级别关键特征的得分与所有低于该级别的关键特征得分的总和，总和即为该三级指标的最终得分（如表 B.2 第 8 列所示）。

表 B.2　评价示例

三级指标	一级特征描述（20 分）	二级特征描述（20 分）	三级特征描述（20 分）	四级特征描述（20 分）	五级特征描述（20 分）	某企业现状记录	得分
三维 CAD 应用（60%）	基于二维 CAD 出图	新品三维出图比例 100%，产品三维出图比例＜50%	产品三维出图比例≥50%且＜90%	产品三维出图比例≥90%	实现产品 MBD 三维实体模型中产品尺寸、公差的标注	公司已实现 CAD 替换手工，2005 年实现三维工具替代二维工具，出图比例达 60%	60
数字模型的应用（40%）	在设计阶段应用数字模型	数字模型应用覆盖了设计、工艺两个阶段	数字模型在设计、工艺、制造阶段都进行了应用	数字模型应用在设计、工艺、制造、质量检验阶段都进行了应用	数字模型应用实现了从设计、工艺、制造、质量、售后的全覆盖	设计过程中，部分零件及产品应用了数字模型	20
仿真数据管理和仿真流程管理（100%）	初步应用了仿真技术，如电路设计与仿真，可将仿真分析报告纳入系统管理	实现单一学科设计仿真流程及工具、数据的统一管理	实现设计流程与仿真流程融合，并在系统中进行管理。应用了企业级仿真平台	利用企业级仿真平台。进行电路设计与仿真、空间走线图及元器件布局、整机性能分析等应用	实现多学科设计仿真数据与流程管理的融合	可通过专业的仿真平台，在二次布线时可对开关柜空间走线及元器件布局进行仿真	80
PDM 系统应用（100%）	尚未使用 PDM 系统，图纸及文档通过文件服务器等方式进行分类管理	应用了 PDM 系统，主要管理图纸及文档	应用了 PDM 系统，进行人员组织、权限管理、文档管理、流程管理、变更管理	应用了 PDM 系统，在前一阶段的基础上还能进行产品配置管理、产品结构管理、项目管理	应用了 PDM 系统，在数字化设计和制造中，作为异地协同平台，实时信息共享。进行全生命周期管理	目前使用了 PDM 的核心功能模块包括：图文档管理、流程管理及变更管理	60
……	……	……	……	……	……	……	

第三步：根据得分、每级指标的权重，逐级进行加权计算，公式为

二级指标得分=Σ三级指标得分×二级指标权重

一级指标得分=Σ二级指标得分×一级指标权重

综合总分=Σ一级指标得分

表 B.3　应用水平评分

一级指标	分项总分	分项评分	权重	合计
设计	100	60	10%	6
工艺	100	50	20%	10
采购	100	70	10%	7
仓储物流	100	80	10%	8
生产	100	70	20%	14
资源要素	100	70	10%	7
互联互通	100	70	10%	7
系统集成	100	60	5%	3
信息融合	100	60	5%	3
应用水平总分				65

经计算，该企业的智能化工厂应用水平总分为 65 分，该企业智能化工厂级别为：三级应用水平。
第四步：对评估结果进行分析，找出差距。并结合智能化工厂建设目标及路径制订相应对策。

参考文献

[1] IEC 62443　工业过程测量、控制和自动化网络与系统信息安全　第 1 部分：术语、概念和模型
[2] GB/T 23020—2013　工业企业信息化和工业化融合评估标准
[3] GB/T 18725—2008　制造业信息化技术术语

成果七

小型断路器数字化车间　技术要求

引　言

标准解决的问题：

本标准规定了小型断路器数字化车间的术语、定义和缩略语、数字化车间体系结构、基本要求、基础设施要求、功能模块要求和系统集成要求等。

标准适用对象：

本标准适用于小型断路器数字化车间的设计、建设、改造和运行。

专项承担研究单位名称：

上海电器科学研究所（集团）有限公司。

专项参研联合单位名称：

上海电器科学研究院。

参研人员：

尹天文、季慧玉、柴熠、黄兢业、包革、孙吉升、胡敏、赵文华、郑俊雅、高孝天、李人杰、邱舒麒、顾惠民、傅亮。

小型断路器数字化车间　技术要求

1　范围

本标准规定了小型断路器数字化车间的术语、定义和缩略语、数字化车间体系结构、基本要求、基础设施要求、功能模块要求和系统集成要求等。

本标准适用于小型断路器数字化车间的设计、建设、改造和运行。

2　规范性引用文件

下列文件对于本文件的应用是必不可少的。凡是注日期的引用文件，仅所注日期的版本适用于本文件。凡是不注日期的引用文件，其最新版本（包括所有的修改单）适用于本文件。

GB/T 5271.17—2010　信息技术　词汇　第 17 部分：数据库

GB/T 10963（所有部分）　电器附件　家用及类似场所用过电流保护断路器

GB/T 33847—2017　信息技术　中间件术语

GB/T ×××××　数字化车间　术语和定义

GB/T ×××××　数字化车间　通用技术要求

PMS/T 1—2013　设备管理体系——要求

3　术语、定义和缩略语

3.1　术语和定义

除了引用标准规定的术语外，下列术语和定义适用于本文件。

3.1.1　小型断路器数字化车间　digital workshop of miniature circuit-breaker

小型断路器数字化车间是以小型断路器所要求的工艺和设备为基础，以信息技术、自动化、测控技术等为手段，用数据连接车间生产运行过程不同单元，对生产进行规划、管理、诊断和优化。

注：在本标准中，小型断路器数字化车间仅包括生产规划、生产工艺、生产执行阶段，不包括产品设计、服务和支持等阶段。

3.1.2　小型断路器数字化车间数据库　digital workshop database of miniature circuit-breaker

小型断路器数字化车间中，按概念结构组织的数据集合，其概念结构描述这些数据的特征及其对应实体间的联系。

3.1.3　详细生产排产　detailed production scheduling

组织和构造生产现场作业计划的集合，并对单个或多个产品的相关生产顺序进行排序。

3.1.4 紧急插单 emergency order

在按订单生产模式下，客户订单要求的交货期早于正常生产运行需要的提前期，使得产品不能按照常规业务流程进行生产而采取的特殊措施。生产过程中发生产品品质问题，返工返修、报废等导致不能按期交货，也会引起紧急插单。

3.1.5 设备管理 equipment management

以设备为研究对象，追求设备综合效率，应用一系列理论、方法，通过一系列技术、经济、组织措施，对设备的物质运动和价值运动进行全过程管理。设备管理分为前期管理与后期管理两个阶段。

注 1：前期管理：规划、设计、选型、购置、安装、验收。

注 2：后期管理：使用、维护、维修等过程。

［PMS/T 1—2013，3.2］

3.1.6 作业计划 job plan

根据企业季度、月度、日生产计划的具体规定，为各个工段、班组、个人或每个工作地制订的以周、日、班以至小时计，制造同一产品的计划。

3.1.7 物流调度 logistic scheduling

在稀缺资源分配过程中所涉及的物流的调配。具体就是调配为生产某种产品或提供某类服务时所需的原材料、设备、设施等，其目标是在满足客户订单需求的约束条件下，最大化设备能力利用率和人员劳动生产率，最小化延迟和闲置时间以及原材料、在制品和产成品的库存。

3.1.8 生产求助 production help

是指作业工位上作业人员对发生的各种异常情况发出求助信息，提示相关人员及时处理。

3.1.9 生产物流管理 production logistic management

生产物流系统的管理，指发出实时、具体的物流指令，调度物流资源、驱动物流设备、控制物流状态，按排产计划与调度要求为生产过程各个工位或区域，供应生产作业所需物料，保障车间生产的任务有效完成。

3.1.10 作业工位 work station

数字化车间里生产过程最基本的生产单元。

3.1.11 看板 KANBAN

在特定时间按所需数量向所需零部件发出生产指令的信息媒介。

3.1.12 看板管理 KANBAN management

一种基于卡片、标签或计算机显示屏的生产调度及物流管理信息系统。

3.1.13 中间件 middleware

位于系统软件之上，用于支持分布式应用软件，连接不同软件实体的支撑软件。

［GB/T 33847—2017，2.1］

3.2 缩略语

BOM：物料清单（Bill of Materials）
ERP：企业资源计划（Enterprise Resource Planning）
MBOM：制造物料清单（Bill of Materials in Manufacturing）
OEE：设备综合效率（Overall Equipment Effectiveness）
PBOM：工艺物料清单（Bill of Materials in Process）
PDA：个人数字助理（Personal Digital Assistant）
PLC：可编程式逻辑控制器（Programmable Logic Controller）
PLM：产品生命周期管理（Product Lifecycle Management）
SQL：结构化查询语言（Structured Query Language）

4 数字化车间体系结构

小型断路器数字化车间的体系结构如图 1 所示，包括执行层和设备层。在数字化车间之外，还有管理层（不在本标准范围之内），管理层包括产品生命周期管理（PLM）和企业资源计划（ERP）等系统。

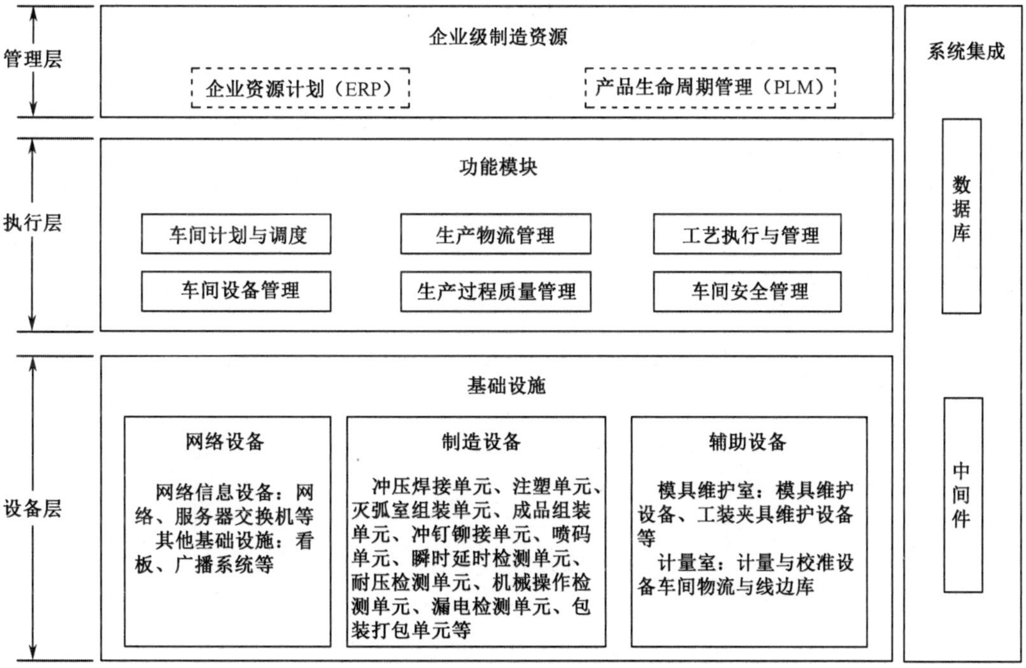

图 1　小型断路器数字化车间的体系结构

执行层主要包括：车间计划与调度、车间安全管理、工艺执行与管理、生产物流管理、生产过程质量管理和车间设备管理。执行层对生产过程中的各类业务、活动或相关资产进行管理，实现车间制造过程的数字化、精益化及透明化。

设备层主要包括：网络设备、制造设备和辅助设备。网络设备包括网络信息设备、看板等。制造设备包括数字化加工设备、数字化装配设备、数字化检测设备和数字化包装设备。辅助设备包括车间物流与线边库、模具维护设备、工装夹具维护设备、计量与校准设备等。基础设施是承载数字化车间业务运行和信息集成的基础，数字化制造设备是执行生产、检验、物料运送等任务和反馈的终端。

小型断路器数字化车间设备层物料与物料之间、设备与设备之间一般不直接建立数据交互关系，设备与物料之间需建立数据交互，设备与执行层各功能模块间需建立数据交互。小型断路器数字化车间各功能模块之间，功能模块与管理层、设备层之间，均可通过中间件和数据库进行系统集成。系统集成相关内容和要求见第 8 章。

小型断路器数字化车间信息流传输如图 2 所示。

管理层 ERP 系统到执行层车间计划与调度模块的信息流包括：排产规则、车间生产计划/车间订单。执行层车间计划与调度模块到管理层 ERP 系统的信息流包括：排产结果、生产运行结果反馈、生产完工预警。

管理层 ERP 系统到执行层生产物流管理模块的信息流包括：库存信息。执行层生产物流管理模块到管理层 ERP 系统的信息流包括：采购/配送需求。

管理层 ERP 系统到执行层车间安全管理模块的信息流包括：人员信息。

管理层 ERP 系统到执行层生产过程质量管理模块的信息流包括：质量要求。执行层生产过程质量管理模块到管理层 ERP 系统的信息流包括：制造过程质量信息。

管理层 PLM 系统到执行层工艺执行与管理模块的信息流包括：数字化工艺信息（PBOM）。执行层工艺执行与管理模块到管理层 PLM 系统的信息流包括：工艺优化反馈。

执行层与管理层之间、执行层各模块之间、执行层与设备层之间的信息流描述见第 7 章。

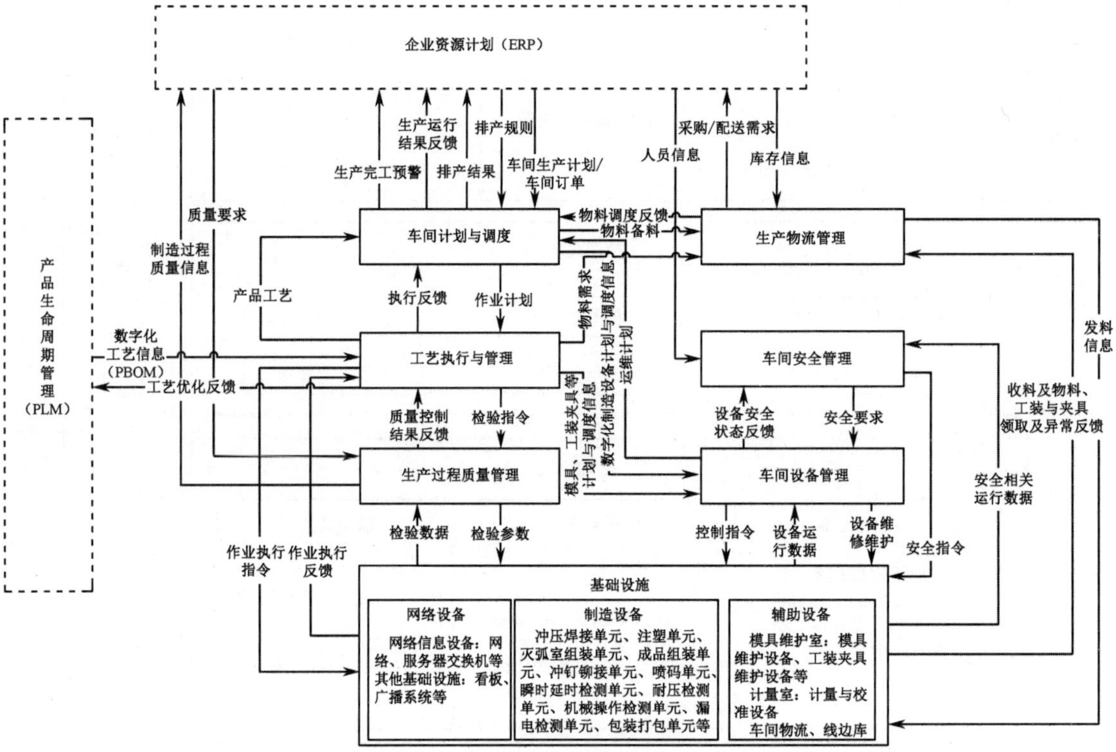

图 2　小型断路器数字化车间信息流传输

注：基于业务和生产流程的不同，任何活动都可能向其他活动提供信息。图2中仅给出了一些最普遍的信息流，这些信息流代表了大量案例中的常规信息流。在其他情况下，特定信息流可能关系更加紧密。

5　基本要求

5.1　小型断路器数字化车间总体技术要求

a）车间设备数字化率应不低于 70%，数据自动化采集率应高于 90%。

注 1：设备数字化率=数字化设备数量/纳入固定资产清单的车间设备总数×100%。

注 2：数据自动化采集率=系统实际自动采集的数据/(自动采集的数据+手工输入的数据)×100%。

b）数字化车间应建有连续的、相互连接的计算机网络、数控设备网络和生产物联/物流网络，所有设备和物料应具有唯一的数字化标识，所有信息相关者应可实现基于网络的互联互通。

c）数字化车间执行层应建立 MES 系统。

d）数字化车间可以通过看板管理系统，实现车间生产过程的可视化。

e）数字化车间应开展危险分析和风险评估，提出车间安全控制和数字化管理方案，并实施数字化生产安全管控。

f）数字化车间的各信息系统可与企业 ERP 系统、PLM 系统等互联互通。

5.2　小型断路器典型结构

小型断路器典型结构如图 3 所示，主要由热脱扣系统、磁脱扣系统、手柄组件、灭弧室和外壳等构成。

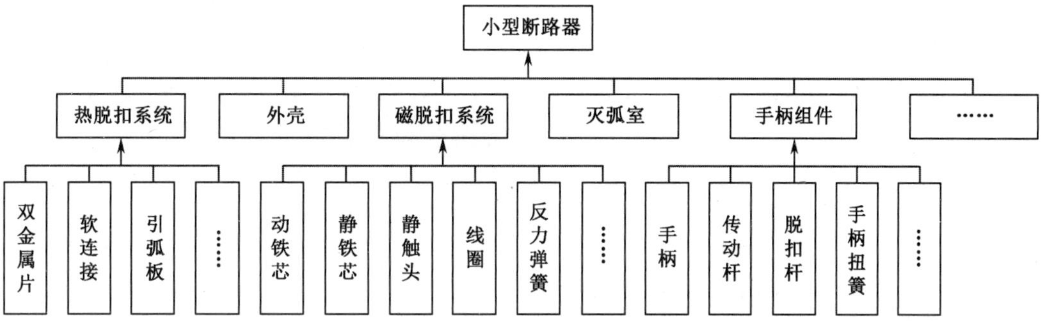

图 3　小型断路器典型结构

5.3　小型断路器典型制造流程

小型断路典型制造流程如图 4 所示，主要包括：热脱扣系统组装、磁脱扣系统组装、灭弧室单元组装、手柄组件组装、端子组件组装、外壳注塑、成品组装、自动喷码、自动装钉铆合、自动机械操作校验、瞬时校验、延时校验、耐压校验、自动移印和自动包装打包等。

其中关键工序包括：热脱扣系统组装、磁脱扣系统组装、成品组装、自动机械操作校验、瞬时校验、延时校验、耐压校验等，关键工序宜采用自动化生产实现。

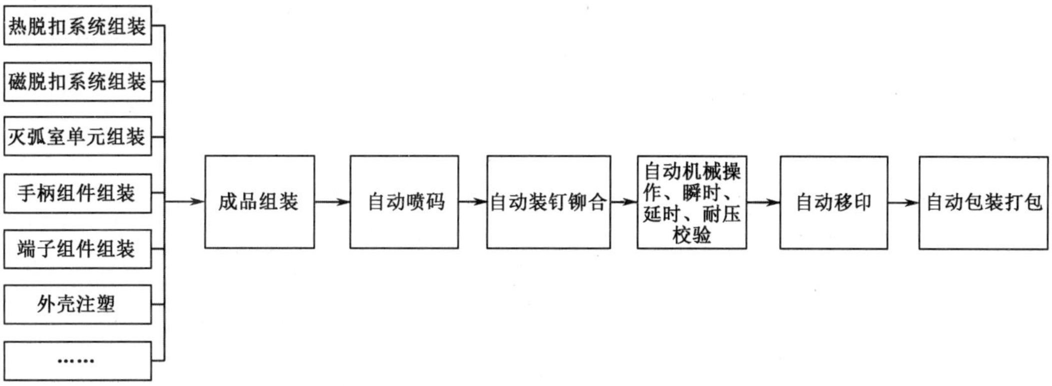

图 4　小型断路器典型制造流程

6 基础设施要求

6.1 网络设备

6.1.1 网络信息设备及要求

小型断路器数字化车间网络信息设备包括但不限于服务器、交换机、网关、存储设备、安全设备等。应能支持语音、图像、视频、控制等信息的传递。小型断路器数字化车间基础设施网络架构示意如图 5 所示。

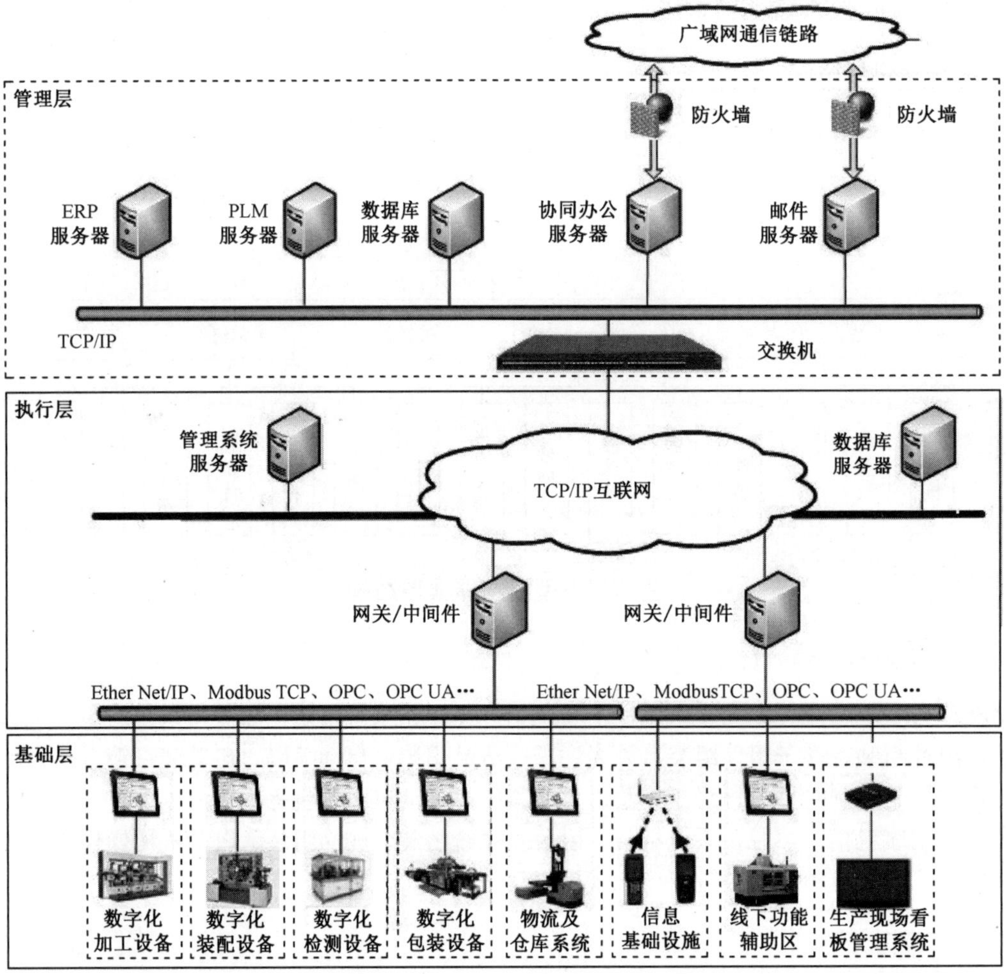

图 5 小型断路器数字化车间基础设施网络架构示意

6.1.1.1 环境要求

小型断路器数字化车间网络信息设备推荐使用工业级产品，能应用于高温（40°C~50°C）、潮湿（95%R.H.）、电磁干扰（A 类）、振动（10G 峰值加速度，11ms 间隔）、腐蚀气体、灰尘等恶劣环境中。

6.1.1.2 通信接口要求

小型断路器数字化车间网络信息设备推荐使用 Ether Net/IP、Modbus TCP、OPC、OPC UA 等工业级以太网通信接口。

6.1.1.3　设备监测及维护要求

小型断路器数字化车间网络信息设备监测记录宜符合下列要求：

a）建立日常硬件监测、维护计划。结合硬件设备性能参数表，明确每天需要监测的硬件参数并记录。

b）网络与设备管理。应具有对数字化装备、网络进行管理，收集、监测网络内的监控设备、相关服务器的运行情况。

c）网络信息安全管理。应具备保证信息安全的各项措施。

d）日志管理。支持日志信息的查询和报表制作等功能。

e）监控智能化。宜在系统中尽可能多地采用智能化处理技术。

f）移动/无线监控。作为对固定/有线网络形式的补充，扩大监控区域，方便用户实时了解数字化车间运行情况，系统宜能支持基础设施、设备的移动/无线接入和使用。

g）当监测到设备及系统发生故障后，维护机构应及时做出响应和初步判断，并根据故障的严重程度制订维修计划，重要设备及系统的故障应在协商约定时间内予以排除。

6.1.2　看板系统及要求

小型断路器数字化车间、数字化设备和各生产工位应具备现场看板，对目标产品工艺、生产过程、检测及包装过程的关键参数生产统计分析看板等进行可视化管理，看板宜具有工位管理看板、生产计划及配送看板和生产数据统计看板。也可使用 PDA、平板电脑、移动多媒体设备等移动终端。

看板应实现生产调度及物流管理信息等看板管理功能：

a）工位管理看板功能包括作业指导书、图纸、工艺流程、生产求助信息、生产安全注意事项等的显示。

b）生产计划及配送看板功能包括生产任务计划和物料配送计划等的显示。

c）生产数据统计看板功能包括实时数字化制造设备运行状态（例如：运行/故障/维护、维修状态等）、生产统计数据（例如：目标产品产量、日/月产量、目标达成率、设备综合效率等）、品质统计数据（例如：产品合格率、产品一次通过率等）等的显示。

6.1.3　广播系统及要求

广播系统功能要求如下：

a）情景模式：支持音乐广播、通知广播、应急广播等多种模式，具备分区广播功能。

b）报警联动：具有消防联动报警触发接口，发生火灾、地震、事故等突发情况可以从日常广播模式切换到紧急广播模式，对涉及区域进行分区广播。

c）音频输入：具备通用输入接口，支持外部音频媒介。

d）信息存储：可存储不少于 24 小时的播放内容。

e）掉电稳定：掉电等极端条件下也不影响时钟运行，保有已有内存音源。

6.2　制造设备

6.2.1　制造设备构成

6.2.1.1　数字化加工设备

小型断路器数字化加工包括：零件加工和部件加工。零件加工如弹簧、接线端子和动静触头等的加工；部件加工如磁脱扣系统、热脱扣系统等的加工。零部件加工宜使用具有数字化功能的车床、钻床等切削设备，以及冲压机、注塑机、3D 打印机、焊接和电镀等设备。

6.2.1.2 数字化装配设备

小型断路器数字化装配设备包括：自动灭弧室组装设备、自动热脱扣系统组装设备、自动磁脱扣系统组装设备、自动成品总装设备、自动装钉设备、自动铆合设备和自动喷码设备。成品总装主要通过灭弧室、热脱扣系统、磁脱扣系统、操作机构、壳体的自动组装等自动化生产环节实现。

6.2.1.3 数字化检测设备

小型断路器数字化车间检测设备包括：自动延时特性校验设备、自动瞬时特性校验设备和自动耐压特性校验设备等。上述数字化检测设备必须具备在线或离线检测、存储、显示等功能。

6.2.1.4 数字化包装设备

小型断路器数字化车间包装设备包括：自动移印设备、自动折包装盒设备、产品本体扫码设备、自动装产品设备、放说明书设备和自动封箱扫码设备等。

6.2.2 制造设备硬件要求

小型断路器数字化车间制造设备硬件应满足如下要求：

a）设备布局合理，工作可靠，便于维修。

b）设备单元应具备安全连锁装置，设备开启时连锁装置应闭锁。

c）机械运行、启动运行、传动运行区需安装防护装置，可能产生安全隐患的，需在明显位置贴安全标识。

d）宜具备与工业以太网互联的端口。

e）应设置手动紧急停止开关。

6.2.3 制造设备软件要求

小型断路器数字化车间制造设备软件应满足如下要求：

a）软件运行、测试功能良好。

b）界面友好、直观，能满足使用要求。

c）设备单元应具备与执行层对接的功能模块：具备生产数据（生产量、规格）、设备 OEE 指标（故障次数、故障类型、停机时间）、合格率信息实时记录并统计的功能。

d）通过工业以太网络以及现场总线实现联网，可以与执行层系统进行数据交互。

e）设备应具有权限管理，并可根据实际情况调整。

6.2.4 制造设备功能要求

在小型断路器数字化车间中，各类制造设备不再是作为独立设备运行，而是作为车间的一个组成部分与其他设备共同协作运行，接受车间管理模块的统一调度管理。实现的数字化功能可分为如下两大方面：

a）数据采集，包括如下信息和功能。

—— 生产信息：用于描述该制造设备在进行某一生产过程时的相关信息，如工件名称、工艺参数、加工时间、工件计数等。

—— 设备状态信息：用于描述制造设备的运行状态、工作状态、组件状态等相关信息，如开机状态、设备总运行时间、操作模式等。

—— 故障报警及信息：用于描述制造设备异常时产生的故障和报警相关信息，如报警代码、报警内容、持续时间、频次等。

—— 设备感知功能：根据传感器等上传的信息自动完成自诊断，即自诊断功能。

—— 互联互通功能：具备开放接口，方便实现数据的上传下达。
—— 其他信息：用于描述各种制造设备特有的数据信息。

b）操作功能，包括如下功能。

—— 文件访问：支持工厂管理系统对制造设备的文件类数据进行读写、修改、删除、复制、移动等操作，例如，从检测设备中将测量结果文件上传至服务器等。
—— 诊断和调试：支持对数字化制造设备进行远程故障诊断及调试，以便于快速维修。
—— 操作权限：数字化制造设备应具备权限管理功能，可以区分操作人员、维护人员、编程人员等不同操作权限，避免由于误操作对设备或生产造成损失。
—— 数据缓存：支持数字化制造设备保存一定时间的历史数据，以确保意外离线时仍然能够保持数据的连续性和完整性。
—— 操作追溯：支持记录数字化制造设备的操作历史，便于装备发生故障时进行追溯。
—— 时钟同步：确保设备与整个车间网络内其他设备保持同一时钟，以免发生记录混乱。
—— 归档：支持工厂管理系统定期对制造设备中的重要数据，如调试数据、加工程序、配置信息等进行归档保存，以便于在数字化制造设备更换、维修后，可以快速恢复生产。
—— 其他：用于实现各种制造设备特有的操作功能。

6.3 辅助设备

6.3.1 车间物流及要求

小型断路器数字化车间物流包括物料输送自动化系统、线边库等。

物料输送自动化系统应至少具有如下功能：

a）物料输送自动化系统应能与仓库进行数据交互，使整个生产过程中的物料供应能实现准时、准点、准量。

b）物料输送自动化系统应对物料的输送进行实时监测。

小型断路器数字化车间推荐使用线边库，应至少具有如下功能：

a）应具有库存实时监控功能，并能进行人工库存查询。

b）应具有库存量上下限及物料超时留存警告。

c）应能进行条形码扫描管理。

d）应具有用料分析功能，以及时反馈给仓库进行补料。

6.3.2 模具和工装夹具及要求

小型断路器数字化车间的模具和工装夹具主要与制造设备配套使用，宜具有电子标签（用于存储信息），推荐采用 RFID 技术、条码读取及解码技术，记录模具和工装夹具进行加工、维修、维护或计量的信息，信息自动存储至模具 BOM、工装夹具 BOM 中。

模具和工装夹具需要为车间设备管理模块提供用于统计、分析、监控等所需的基础信息数据，包括但不限于：

a）设备状态信息：用于描述加工设备的运行状态、工作状态、组件状态等相关信息，如开机状态、设备总运行时间、操作模式等。

b）故障报警信息：用于描述加工设备异常时产生的故障和报警的相关信息，如报警代码、报警内容、持续时间、频次等。

6.3.3 计量和校准设备及要求

根据质量管理要求，需要对车间相关设备进行计量和校准，接受车间设备管理模块下达的计量和校准维护要求，部分设备需要申请第三方计量机构进行计量和校准服务。

计量和校准设备包括计量和校准电源、计量仪器仪表、计量和校准负载、计量和校准软件等，计量和校准所需的设备能够接受第三方认证机构的定期/不定期计量审核。

计量和校准设备应能进行条形码扫描管理。

7 功能模块要求

7.1 车间计划与调度

7.1.1 功能模型

车间计划与调度功能模型如图6所示。车间计划与调度功能包括详细生产排产、生产调度、生产跟踪，其主要业务流程如下：

a）数字化车间从管理层获取车间生产计划（或通过接口自动接收ERP系统的生产订单），根据排产规则形成工序作业计划，根据车间生产计划/车间订单以及产品工艺要求进行详细排产、派工。排产结果信息应反馈至管理层。

b）将作业计划下发到现场，通过工艺执行管理模块指导生产人员或控制设备按计划和工艺进行加工。

c）生产执行过程中，实时获取生产相关数据，跟踪生产进度，并根据现场执行情况的反馈实时进行调度。

d）根据生产进度偏差对未执行的计划重新优化排产，并将生产进度、生产完工预警信息和绩效相关信息等反馈到管理层，完成车间计划与调度的闭环管理。

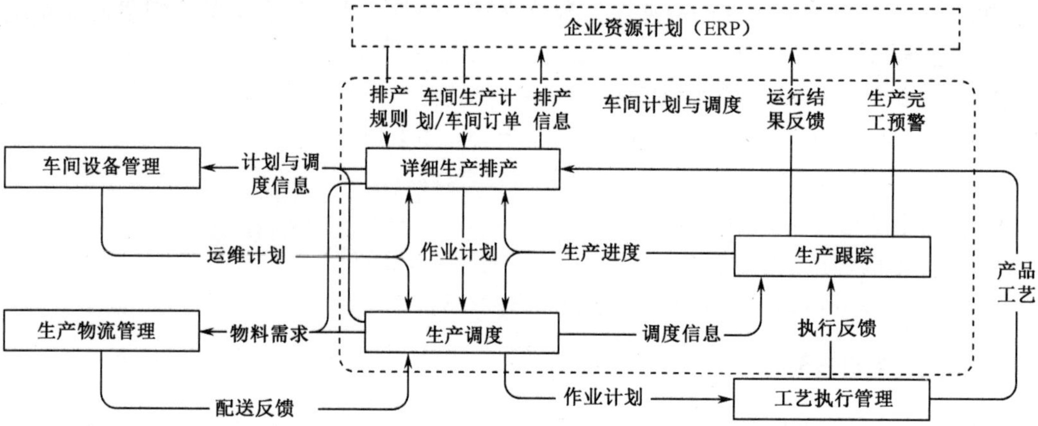

图6 车间计划与调度功能模型

7.1.2 功能要求

7.1.2.1 详细生产排产

详细生产排产是为满足车间生产计划要求，根据产品定义的工艺路线、工序信息和可用资源信息，制订的工序作业计划及排产。详细生产排产应考虑当前计划完成情况、资源可用性等，并使资源获得最佳利用。详细生产排产根据资源可用性、特定产品生产规则制订工序计划并排产，形成作业计划发送给生产调度。若有计划未按时完成，会对详细生产排产产生一定影响，需重新规划以满足车间生产计划的要求。详细生产排产根据企业资源计划下达的排产规划，反馈排产结果信息，可供管理层调用排产结果。另外，详细生产排产也会反馈影响生产设备、人员、物料等生产要素的管理信息，比如，反馈设备维护保养计划信息。

小型断路器数字化车间详细生产排产应与其他车间生产要素管理模块的管理相配合，应能：

a）快速地适应市场需求的变化。

b）作业计划分解与排产可灵活配置，根据生产线能力，支持生产线内的自动优化选择，用于加工、装配、检验和包装等各工序更细致的计划编排。

c）尽可能降低工序间的在制品、零部件和成品库存数量。

7.1.2.2　生产调度

生产调度是为了实现作业计划的要求，分派设备或人员进行生产，并对生产过程出现的异常情况进行管理。

小型断路器数字化车间的生产调度应能根据实时订单及生产计划进度，进行各种生产资源的调度与控制。实时获取生产进度、各生产要素运行状态，以及生产现场各种异常信息，具备快速反应能力，可及时处理详细生产排产中无法预知的各种情况，保证生产作业有序、按计划完成。紧急情况的处理包括：

a）发生紧急插单或生产计划变更时，采取相应措施满足计划要求。

b）生产过程中发生质量异常导致的返工返修等生产调度。

c）设备、人员等发生异常情况，采取相应措施保证生产继续进行。

d）若异常事件导致无法满足计划要求，则需通过详细生产排产重新进行优化排产。

7.1.2.3　生产跟踪

小型断路器数字化车间按照计划排产与调度开展生产过程中应能实现以下功能：

a）对生产过程中加工时间、人员、设备、材料耗用、质量等各类数据进行监控和预警，并与工艺执行管理等其他模块及管理层进行数据交互。

b）采集每个工序的开工、进展、预完工、质检、实完工等数据，达到工单的实时监督与控制。

c）在生产订单预完工之前，应向管理层提交（发出）完工预警。

7.1.3　数据表

车间计划与调度模块各数据表名称、数据流向、数据表关键字段如表1所示。

表1　车间计划与调度模块数据表

序号	数据表名称	数据流向	数据表关键字段
1	车间生产计划/车间订单	数据输入	制令单号、优先级、品号、品名、规格、BOM版本、单位、生产数、期望完成时间
2	排产规划	数据输入	排产方案、优先级、排产规则优先级、规则编号、规则名称、规则排序方向
3	产品工艺	数据输入	品号、品名、规格、BOM版本； 产品工艺路线：工序号、工艺代号、工艺名称、下层工序号、最小转移批量； 每道工序可用设备：设备编号、设备名称、是否首选、前置时间、标准产量、标准节拍、后置时间、标准人力； 每道工序需要的模治具：模治具编号、模治具名称、数量、用料倍数； 每道工序需要的物料：物料号、物料名、物料规格、单位、单位用量、损耗率
4	运维计划	数据输入	日历方案、日期、班次、设备编号、设备名称、开始时间、结束时间； 故障率/原因分析：分期周期（月、周）、设备编号、设备名称、停机原因、停机次数、百分比

续表

序号	数据表名称	数据流向	数据表关键字段
5	执行反馈	数据输入	制令单号、工序号、工艺代号、工艺名称、制令数量、合格数、不良数、报废数、特采数、未加工数
6	物料调度反馈	数据输入	制令单号、品号、品名、规格、单位、生产数量物料编号、物料名称、物料规格、物料单位、需求数量、当前库存、欠料数量
7	生产运行结果反馈/生产完工预警	数据输出	制令单号、工序号、工艺代号、工艺名称、制令数量、合格数、不良数、报废数、特采数、未加工数
8	作业计划	数据输出	制令单号、优先级、品号、品名、规格、BOM 版本、单位、生产数、期望完成时间、计划开始时间、计划完成时间、交期差异； 班次：班次编号、班次名称、开始时间、结束时间（时间可分段）
9	数字化制造设备计划与调度信息	数据输出	制令单号、品号、品名、规格、单位、工序、工艺编号、工艺名称、分配数量、工时类型、班次、班次日期、计划开始时间、计划完成时间、设备编号、设备名称、工时处理方式（独占式、有限共享式、无限共享式、定时外包式等）
10	物料备料	数据输出	制令单号、品号、品名、规格、单位、需求数量、需求时间
11	排产结果	数据输出	制令单号、品号、品名、规格、单位、工序、工艺编号、工艺名称、分配数量、人力需求

7.2 工艺执行与管理

7.2.1 功能模型

工艺执行与管理功能模型如图 7 所示。

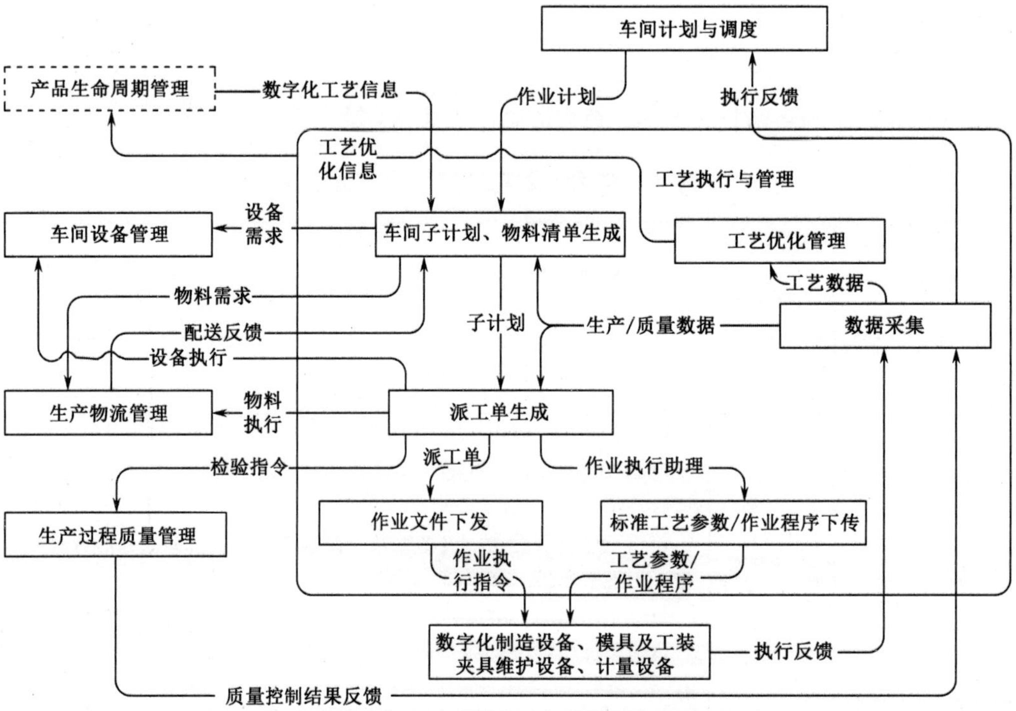

图 7　工艺执行与管理功能模型

工艺执行由车间子计划、物料清单生成、派工单生成、作业文件下发、标准工艺参数/作业程序下传等构成，工艺管理由工艺权限管理、工艺变更管理、工艺优化管理、工艺看板管理等构成。工艺执行贯穿于计划、质量、物流、设备等全生产过程中；工艺管理功能可以在管理层相关系统中实现，工艺文件以计算机系统可识别的数据结构呈现。

7.2.2　功能要求

7.2.2.1　工艺执行

a）车间子计划、物料清单生成

根据数字化工艺信息与车间计划，自动分解生成车间子计划和物料清单，实现生产计划细分、物料提前备料、工序流转自动采集、工位物料智能化配送等。

b）派工单生成

将车间子计划根据生产工艺过程分解为各工序的派工单。车间根据产品 MBOM、生产工艺过程、标准工时等实现各派工单智能化调度。

c）作业文件下发

将各种工艺卡、工艺图纸、作业指导书等作业文件自动下载到各作业工位终端，现场作业人员可通过工艺编码或生产计划号、工单号实时查询标准工艺参数、标准质检工艺、作业指导等工艺信息。

d）标准工艺参数、作业程序下传

通过车间总线将标准工艺参数自动下发到对应制造设备，防止由于人为因素导致现场制造设备工艺参数设置错误。作业程序可以自动下传到现场数字化设备，实现自动加工或装配等作业。

e）数据采集与反馈

—— 进行工艺信息在线交互式浏览、物料校验及开工条件检查；

—— 实时记录和上传生产现场出现的工艺技术问题和处理方法；

—— 实时采集生产过程中的工艺参数，向质量控制系统提供生产、质检数据，实现生产过程质量预警，并通过与看板管理系统等进行集成，实现预警信息及时发布；

—— 求助终端实时采集生产求助信息，向看板管理系统提供现场求助信息，以便现场作业工位获得快速响应；

—— 及时将作业指令状态信息与作业工位状态信息向车间计划与调度系统反馈，以及时调整车间计划。

7.2.2.2　工艺管理

a）工艺权限管理

工艺权限主要实现组织结构管理、人员管理、访问规则管理等。通过访问规则的定义，来实现对用户操作权限的控制，控制用户、角色、工作组对数据仓库或具体文档的操作权限。可根据岗位职责要求进行相应权限分配，对应授权人员可进行相关工艺的上传、下载、查询、修改等。

b）工艺变更管理

主要实现工艺变更、工艺优化数据版本管理等。工艺变更应符合标准变更工作流程以及控制、跟踪机制，结合产品数据的状态管理，可以在规范管理更改过程、保证更改的可追溯性的同时，提供准确、及时的更改传递机制，保证更改结果的正确性和一致性。

c）工艺看板管理

通过可视化工艺流程实现工序间流转管理，并对工艺流程中各工序点进行属性设置，快速实现数字化车间生产流程再造，实现数字化车间生产工艺流程快速切换。

d）作业文件管理

作业文件包括生产流程工艺、工艺卡、工艺图纸、质检工艺标准卡、标准工艺参数卡等，并以版本号区别。

e）作业程序管理

作业程序通过工艺编码或生产计划号、工单号与数字化装备关联，并以版本号区别。

f）工艺优化管理

对采集的机台工艺参数的实际值或质检数据，进行统计、分析、预警，实现工艺优化。

g）生产求助管理

工位上作业人员针对工位发生的各种问题发出求助呼叫信息，上传看板管理系统，可触发声光报警、显示终端、广播等系统，提示相关人员注意，以便及时处理问题。

7.2.3 数据表

工艺执行与管理模块各数据表名称、数据流向、数据表关键字段如表 2 所示。

表 2 工艺执行与管理模块数据表

序号	数据表名称	数据流向	数据表关键字段
1	作业计划	数据输入	制令单号、优先级、品号、品名、规格、BOM 版本、单位、生产数、期望完成时间、计划开始时间、计划完成时间、交期差异； 班次：班次编号、班次名称、开始时间、结束时间（时间可分段）
2	质量控制结果反馈	数据输入	检验结论：检验时间、检验人员、班次、班次日期、制令单号、品号、品名、规格、单位、工序、工艺编号、工艺名称、设备编号、设备名称、报工数量、抽数量、合格数、不良数、检验结论
3	数字化工艺信息	数据输入	工艺名称、工艺代号、加工工时单位（秒、分钟、小时）、分配原则（可分配到多个设备、只能分配到一个设备）
4	作业执行反馈	数据输入	时间、班次、班次日期、制令单号、品号、品名、规格、单位、工序、工艺编号、工艺名称、设备编号、设备名称、模治具编号、模治具名称、合格数、不良数、员工工号、员工姓名
5	模具、工装夹具等计划与调度信息	数据输出	制令单号、品号、品名、规格、单位、分配数量、工序、工艺编号、工艺名称、班次、班次日期、计划开始时间、计划完成时间、设备编号、设备名称、模治具编号、模治具名称、使用次数、状态、工时处理方式（独占式、有限共享式、无限共享式、定时外包式等）； 模治具基本资料：状态、模治具编号、模治具名称、单位、数量、可用数量、可用模腔数
6	物料需求	数据输出	制令单号、品号、品名、规格、单位、分配数量、工序、工艺编号、工艺名称、班次、班次日期、计划开始时间、计划完成时间、设备编号、设备名称、物料编号、物料名称、物料规格、物料单位、需求数量
7	执行反馈	数据输出	制令单号、工序号、工艺代号、工艺名称、制令数量、合格数、不良数、报废数、特采数、未加工数
8	产品工艺	数据输出	品号、品名、规格、BOM 版本； 产品工艺路线：工序号、工艺代号、工艺名称、下层工序号、最小转移批量； 每道工序可用设备：设备编号、设备名称、是否首选、前置时间、标准产量、标准节拍、后置时间、标准人力； 每道工序需要的模治具：模治具编号、模治具名称、数量、用料倍数； 每道工序需要的物料：物料品号、物料品名、物料规格、单位、单位用量、损耗率

续表

序号	数据表名称	数据流向	数据表关键字段
9	作业执行指令	数据输出	每道工序的作业指导书：文档 ID、文档状态、文档目录、文件名称、版本号、文件扩展名
10	检验指令	数据输出	品号、品名、规格、工艺代号、工艺名称、检测项目、检测内容、检验方法、数值类型、检验仪器、标准值、上公差、下公差
11	工艺优化反馈	数据输出	品号、品名、规格、BOM 版本

7.3 生产物流管理

7.3.1 功能模型

生产物流管理功能模型如图 8 所示，生产物流管理系统包括物流规划及优化、物流调度及优化、车间库存管理，以及物料、工装与夹具领取和配送等模块。

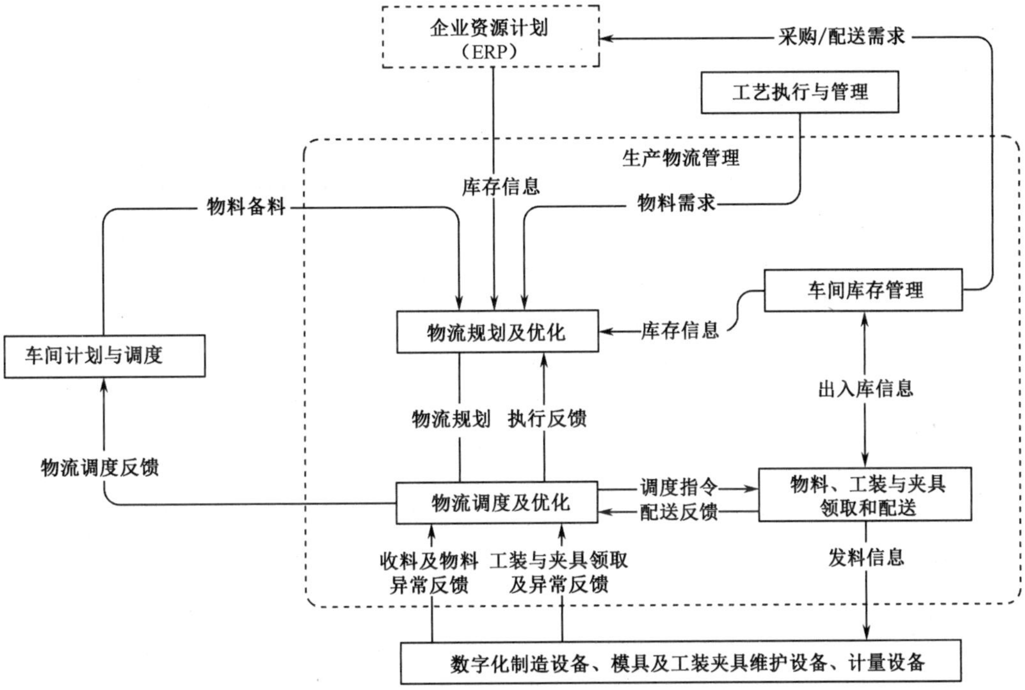

图 8　生产物流管理功能模型

7.3.2 功能要求

7.3.2.1 物流规划及优化

a）物流规划

物流规划的依据是车间计划与调度指令，还应遵守如下相应的约束条件：

—— 时间：基于物流过程总时间要求的物流规划时间条件，以及制造执行计划中的批次、路线、同区位要求，规划出合理的物流时间范围和与物流作业细节相关的各阶段时间；

—— 装载：基于车间环境与实施条件和制造执行计划要求，编制各次物流运转所应装载的物料及在制品。

规划作业应输出相应的信息文件，内容包括：物流运行的物件数量、批次组合、物流路线、物料需求时间和送达时间等基本信息。

b）物流优化

在物流系统运行中，应实时获取物流运行过程信息并采用相应的物流优化决策支持软件进行分析，给出持续或调整当前物流规划方案的相应内容。物流优化决策支持软件应具有的功能如下：

—— 获取排产计划和调度输出的物流指令信息和工艺执行与物料需求；
—— 获取物料当前位置、物料种类及数量的实时信息；
—— 数字化、可视化的车间物流路线图；
—— 可快捷调整物流规划内容的人机交互界面等。

7.3.2.2 物流调度及优化

a）物流调度

—— 事前调度，预先防范较大批次生产任务受物流影响，将物流计划内容适当提前；
—— 事中调度，基于生产进度要求的时间管理原则，尽可能将物流时间与多个工位的作业进度保持同步；
—— 事后调度，在发生外来扰动（如插单、换单等）时，快速启动物流响应，以减轻外来扰动对生产进度的影响，满足市场需求。

b）调度优化

—— 充分利用物联感知技术，获取物流调度作业执行过程中的现场实时数据，以验证当前调度是否满足给定的约束和评价指标；
—— 预先制定可多时间段分散实施的物流作业方案，以应对外来扰动所引发的制造执行指令变更；
—— 基于制造执行现场调度指令做出当前最佳物流调度决策，灵活调整现行物流程序。

7.3.2.3 物料、工装与夹具领取和配送

物料、工装与夹具的领取和配送是指在车间运输与库存系统的基础上，为了配合车间物流调度而进行的实物形态的运输、存储等活动，包括在仓库内外的运输活动（包括调库、移库等）。

在具体物流调度的需求下，车间物料、工装与治具请求（包括具体的物料、数量及配送地点等）通过设备、现场执行层等提交给车间物流管理系统。借助于自动化物流设备和车间物流布局，车间物流管理系统产生相应的物流配送作业指令并发送给对应的车间物流设备，指导该设备完成物流作业任务并反馈给车间物流管理系统。

7.3.2.4 车间库存管理

对仓库业务的物流实现全过程管理。运用条码技术对零部件、半成品、成品建立库存数据档案，管理发料、入库过程的数据。通过入库、出库、调拨等管理功能，实现对批次管理、物料对应、库存盘点、质检管理的有效控制。

7.3.3 数据表

生产物流管理模块的各数据表名称、数据流向、数据表关键字段如表 3 所示。

表 3 生产物流管理模块数据表

序号	数据表名称	数据流向	数据表关键字段
1	库存信息	数据输入	仓库、储位、物料编号、物料名称、物料规格、单位、批次、来料日期、品质状态、数量
2	物料备料	数据输入	制令单号、品号、品名、规格、单位、需求数量、需求时间

续表

序号	数据表名称	数据流向	数据表关键字段
3	物料需求	数据输入	制令单号、品号、品名、规格、单位、分配数量、工序、工艺编号、工艺名称、班次、班次日期、计划开始时间、计划完成时间、设备编号、设备名称、物料编号、物料名称、物料规格、物料单位、需求数量
4	收料及物料、工装与夹具领取及异常反馈	数据输入	制令单号、工序、工艺编号、工艺名称、设备编号、设备名称、班次、需求时间、计划完成时间； 工装与夹具编号、工装与夹具名称、工装与夹具状态
5	发料信息	数据输出	发料日期、制令单号、品号、品名、规格、单位、需求数量、供应商来料批次、来料日期、数量
6	物料调度反馈	数据输出	制令单号、工序、品号、品名、规格、单位、生产数量、物料编号、物料名称、物料规格、物料单位、需求数量、当前库存、欠料数量
7	采购/配送需求	数据输出	制令单号、品号、品名、规格、单位、分配数量、工序、工艺编号、工艺名称、班次、班次日期、计划开始时间、计划完成时间、设备编号、设备名称、物料编号、物料名称、物料规格、物料单位、需求数量、配送状态（拣货中、拣货完成、配送中、配送完成、欠料）

7.4 生产过程质量管理

7.4.1 功能模型

生产过程质量管理功能模型如图 9 所示。

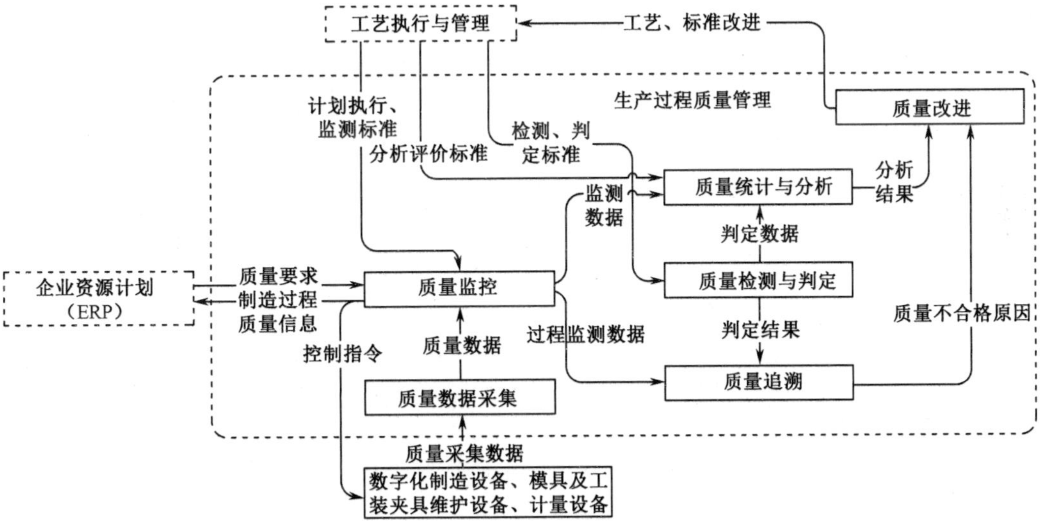

图 9 生产过程质量管理功能模型

7.4.2 功能要求

7.4.2.1 质量数据采集

通过设备和数据采集装置，采集包括关键质量控制点在内的质量数据。关键质量控制点宜包括：

a）零件。小型断路器零件宜对材料物理特性（成分/强度/硬度/镀层/热变形温度/绝缘强度/电阻率/力值）、尺寸（长度/高度/宽度/孔径/同轴度/直线度/垂直度/扭转角度）、外观（粗糙度/标示/颜色/外观缺陷）等进行质量数据采集。

b）部件。小型断路器部件关键质量控制点包括：磁系统组件（焊接质量/焊接位置/装配尺寸/外观缺陷）、顶杆/动铁芯组件（同轴度/长度/外观缺陷）、热系统组件（焊接质量/焊接位置/装配尺寸/外观缺陷）、接线端子组件（装配尺寸/螺钉拧入扭矩/外观缺陷）、灭弧室组件（装配尺寸/外观缺陷）、触头组件（焊接质量/焊接位置/装配尺寸/外观缺陷）。其中，对需采用破坏性测试的关键质量控制点，可采用抽检方式检查。

c）整机。整机装配关键质量控制点包括：关键尺寸（焊接尺寸/超程/气隙尺寸/双金属片位置）、零部件完整性检测、机构通电测试、脱扣力测试、热脱扣测试（延时电流整定值/延时时间整定值）、磁脱扣测试（瞬时电流整定值）、多极联动测试、通断检测、耐压测试（耐压整定值/耐压时间整定值/泄漏电流值）。

7.4.2.2 质量监控

具备基于实时数据库的指标监控功能。主要用于独立质量指标的原始数据监控，通过设定指标参数的报警界限，对超出界限的数据（如动铁芯组件同轴度、锁扣扣合点位置、磁轭内径、瞬时脱扣时间、耐压值等）及时报警。

具备基于关系数据库的指标监控功能。主要用于综合质量指标的统计型监控，可以融合多种监控标准和统计算法对指标进行综合运算，并定时刷新，使监控更宏观、更有针对性。

具备基于视觉的质量监控功能。利用工业相机、摄像头等视觉检测设备，对零部件的数量、尺寸、外观及整机包装质量等进行实时监控，利用图像处理与分析算法，对产品质量做出实时检测与判定。

根据产品认证管理的要求，对产品的认证标识进行监控，保证产品原材料、零部件、半成品与产品认证标识的一致性。根据认证证书的时效，对已废止的原材料、零部件、半成品进行批次处理。

7.4.2.3 质量追溯

质量追溯需要以产品标识作为追溯条件。产品标识通常为产品生产批号或唯一编码，以字符、条形码、二维码、电子标签等形式存在于产品本体、铭牌或包装上。

质量追溯宜包括下列关键信息：用料批次、供应商、来料检验参数、作业人员、作业地点（车间、生产线、工位等）、作业时间、加工设备信息、加工工艺、质量检测及判定、不良处理过程等。

7.4.2.4 质量统计与分析

质量统计主要基于采集的质量数据进行指标计算和报表输出。

质量分析按照工艺执行与管理模块输入的分析评价标准，基于质量统计的数据，通过数据分析质量问题，并将分析结果反馈至质量改进模块。

7.4.2.5 质量检测与判定

按照工艺执行与管理模块输入的检测标准，对半成品及成品生产加工的各个环节进行质量检测，并按照判定标准，对质量缺陷进行判定，具体可分为：

a）转序质量判定：按照生产单元工艺划分，对生产线各工序、工位的产品生产质量进行判定，没有达到转序要求的产品，将不能被转到下一生产工序，需要做返工或报废处理。

b）下线质量判定：基于局部质量判定结果，对产品的综合质量进行最终判定，通过后方可正式下线，进入成品仓库。

对于判定为质量缺陷的产品，应对其质量缺陷信息进行记录，用于质量统计与分析，以便后续的质量改进。

7.4.2.6 质量改进

根据质量统计分析的结果，提供质量改进措施和预防措施，消除质量缺陷及潜在质量问题。

针对质量改进结果，可建立经验库，对工艺执行与管理提供经验积累和辅助决策，用于质量监控标准、统计与分析标准、检测与判定标准的改进。

7.4.3　数据表

生产过程质量管理模块各数据表名称、数据流向、数据表关键字段如表 4 所示。

表 4　生产过程质量管理模块数据表

序号	数据表名称	数据流向	数据表关键字段
1	质量要求	数据输入	品号、品名、规格、工艺代号、工艺名称、检测项目、检测内容、检验方法、数值类型、检验仪器、标准值、上公差、下公差
2	检验数据	数据输入	检验时间、检验人员、班次、班次日期、制令单号、品号、品名、规格、单位、工序、工艺编号、工艺名称、设备编号、设备名称、生产数量、抽检数量、合格数、不良数、检验结论
3	检验指令	数据输入	制令单号、工序、检测项目、检测内容、检验方法、数值类型、检验仪器、标准值、上公差、下公差
4	质量控制结果反馈	数据输出	检验时间、检验人员、班次、班次日期、制令单号、品号、品名、规格、单位、工序、工艺编号、工艺名称、设备编号、设备名称、生产数量、抽检数量、合格数、不良数、检验结论
5	检验参数	数据输出	检查项目编号、检查项目名称（长度、宽度、外观、温度、机械尺寸、阻值、直径、硬度、电子性能、功能等）
6	制造过程质量信息	数据输出	检验时间、检验人员、班次、班次日期、制令单号、品号、品名、规格、单位、工序、工艺编号、工艺名称、设备编号、设备名称、生产数量、抽检数量、合格数、不良数、检验结论

7.5　车间设备管理

7.5.1　功能模型

车间设备管理功能模型如图 10 所示。

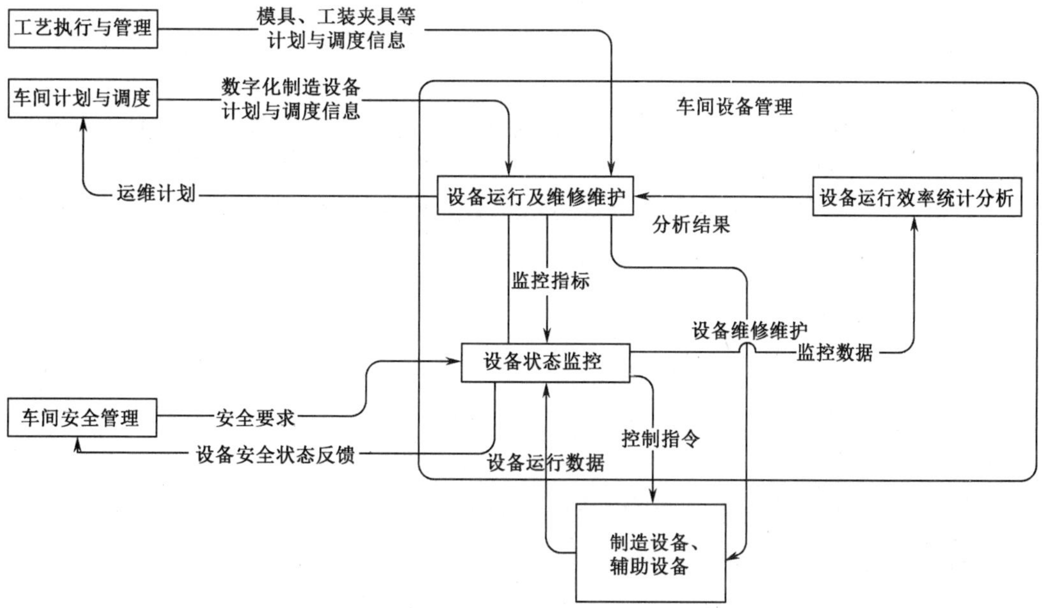

图 10　车间设备管理功能模型

车间设备管理主要功能包括设备状态监控、设备运行及维修维护和设备运行效率统计分析。车间计划与调度模块对车间设备下达运行及调度指令；同时设备控制系统及数据采集系统对设备层数字化设备的运行数据进行实时采集监控；监控数据通过统计分析，将分析结果反馈至设备运行及维修维护模块，车间计划与调度模块按照设备维修维护计划调整车间设备运行及调度指令。

7.5.2 功能要求

7.5.2.1 设备状态监控

通过设备控制系统、数据采集系统对设备运行参数进行实时采集，采集的信息宜包括：设备状态信息、设备状态起始时间信息、设备运行及空闲时间、设备故障信息、设备报警信息、设备加工及运行参数信息、设备加工品数量、设备加工合格品及不合格品数量。

对采集的设备状态信息宜采用柱状图、折线图等图形化展示方式，对于关键设备指标参数的实时数据展示，也可采用仪表盘的方式。

依据设备正常运行标准和要求，对指标参数的监控结果进行分析和判定，对有异常变化趋势的情况进行预警，对发生异常或故障的情况进行报警。

预警和报警信息应按照异常等级与类型及时通知到相应的监控人员，并采用多种形式相结合的通知方式，如现场监控屏幕显示、报警灯声光报警、系统级消息通知、短信通知等。

7.5.2.2 设备运行及维修维护

应根据车间计划与调度的信息对车间设备进行管理。应建立以维护计划制订、工单分配、下发、执行、反馈为流程的标准化维修维护体系。对于设备维修维护过程中设备的典型故障，车间设备管理系统应能够依据设备故障与维修经验库提供故障处理意见，并对故障处理与维修过程进行详细记录，反馈至 ERP 系统。

设备的维修维护可分为周期性维修维护和预测性维修维护。

a）周期性维修维护：根据设备类型的不同按周期制订维修维护计划，基于配置信息自动生成维修维护工单，并通知和下发给相应岗位人员，通过执行工单的反馈信息跟踪执行状态。

b）预测性维修维护：基于对设备运行数据，特别是设备运行日志文件数据的分析，对设备的运行状态进行有效评估，进而动态、及时地发现设备运行的潜在异常情况，并生成具有针对性的维修维护方案。

针对设备关键零部件，能够结合其理论使用寿命和实际运行参数状态，对零部件的更换时间做出及时提醒，对超期使用的零部件做报警。

针对需要计量的设备或者系统，根据设备计量状态信息，对设备的计量周期进行管理，提前发送设备计量校准需求，申请由第三方计量机构进行计量校准服务。

7.5.2.3 设备运行效率统计分析

基于设备实时状态采集和维修维护过程中搜集的过程数据，自动统计汇总与设备相关的指标，主要包括设备完好率、设备利用率、设备故障率、停机（或停产）时间、停机（或停产）次数、设备平均故障间隔时间（MTBF）等。

注：不同类型设备的统计指标及计算方法不尽相同，应按实际管理需求进行选择。

7.5.3 数据表

车间设备管理模块的各数据表名称、数据流向、数据表关键字段如表 5 所示。

表5 车间设备管理模块数据表

序号	数据表名称	数据流向	数据表关键字段
1	模具、工装夹具等计划与调度信息	数据输入	制令单号、品号、品名、规格、单位、分配数量、工序、工艺编号、工艺名称、班次、班次日期、计划开始时间、计划完成时间、设备编号、设备名称、模治具编号、模治具名称、使用次数、状态、工时处理方式（独占式、有限共享式、无限共享式、定时外包式等）； 模治具基本资料：状态、模治具编号、模治具名称、单位、数量、可用数量、可用模腔数； 工艺流程卡：制令单号、制令条码、品号、品名、规格、单位、生产数量、工序条码、工序号、工艺条码、工艺代号、工艺名称、工艺要求
2	数字化制造设备计划与调度信息	数据输入	制令单号、品号、品名、规格、单位、工序、工艺编号、工艺名称、分配数量、工时类型、班次、班次日期、计划开始时间、计划完成时间、设备编号、设备名称、工时处理方式（独占式、有限共享式、无限共享式、定时外包式等）
3	安全要求	数据输入	工厂、部门、设备编号、设备名称、检查方案编号、检查方案编号名称、检查频率、检查项目编号、检查项目名称
4	设备运行数据	数据输入	采集器基本资料：采集器编号、采集IP地址、型号、设备编号、设备名称； 采集动作基本资料：状态、动作编号、动作名称、结束动作、动作状态、许可后置动作（动作一般有：无任务闲置中、更换工单工序、换料开始、换料结束、卸模开始、卸模结束、上模开始、上模结束、调机开始、调机结束、首件检查开始、首件检查结束、IPQC巡检、批量生产开始、批量生产结束、报不合格品数）； 制令用料信息：制令单号、工序、工艺编号、工艺名称、设备编号、设备名称、物料编号、物料名称、物料规格、物料单位、供应商来料批次、物料包装条码、出入库类型、领退数量； 设备运行记录：采集时间、采集器编号、设备编号、变量编号、变量名称、值
5	运维计划	数据输出	日历方案、日期、班次、设备编号、设备名称、开始时间、结束时间
6	控制指令	数据输出	控制动作基本资料：状态、动作编号、动作名称、结束动作、动作状态； 电子看板数据： 1）设备综合效率OEE：日期、设备编号、理论时长、停机时长、换产时长、换产间隔时长、OEE； 2）工序报工记录：时间、班次、班次日期、制令单号、品号、品名、规格、单位、工序、工艺编号、工艺名称、设备编号、设备名称、模治具编号、模治具名称、合格数量、不良数量、员工工号、员工姓名； 3）生产换产记录：采集器编号、采集开始时间、采集结束时间、动作编号、动作名称、动作状态、班次、班次日期、制令单号、品号、品名、规格、单位、工序、工艺编号、工艺名称、设备编号、设备名称、模治具编号、模治具名称、合格数量、不良数量、员工工号、员工姓名、实际生产节拍； 4）生产换产间隔：采集器编号、制令单号、品号、品名、规格、单位、工序、工艺编号、工艺名称、设备编号、设备名称、动作切换、切换开始、切换结束、间隔时间
7	设备维修维护	数据输出	故障率/原因分析：分期周期（月、周）、设备编号、设备名称、停机原因、停机次数、百分比； 设备停机记录：设备编号、设备名称、停机开始时间、处理开始时间、处理响应时长、停机开始结束时间、停机时长、停机原因
8	设备安全状态反馈	数据输出	安全检查时间、检查人员、工厂、部门、设备编号、设备名称、检查方案编号、检查方案编号名称、检查项目编号、检查项目名称、检查结果、检查结论

7.6 车间安全管理

7.6.1 功能模型

车间安全管理功能模型如图 11 所示。

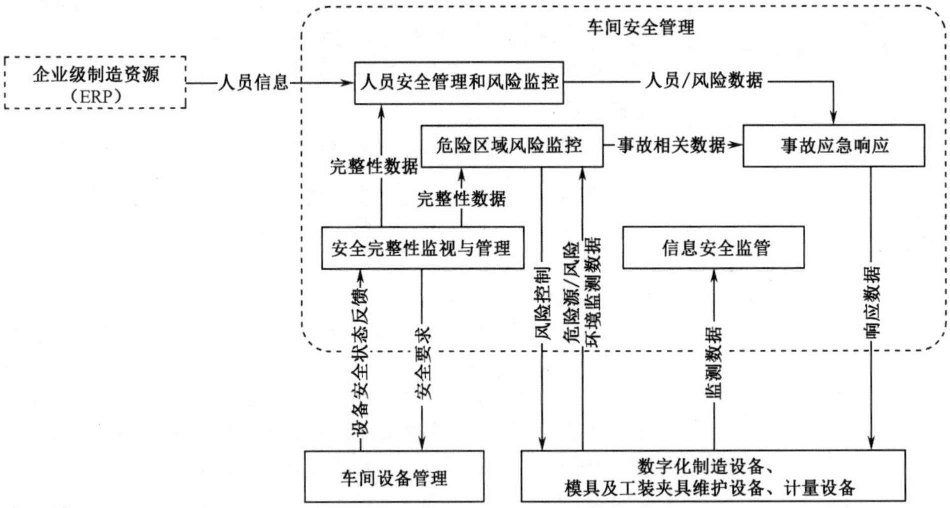

图 11　车间安全管理功能模型

7.6.2 功能要求

7.6.2.1 人员安全管理和风险监控

应对车间人员的身份、位置、行为等进行定义，通过人员身份识别、位置跟踪、行为判定等方式对人员的行动路线和工作位置进行监视和指引，并对人员的非正常活动和行为进行预警和限制，实现如下功能：

a）人员活动信息甄别功能，对即将进入危险区域的人员信息进行甄别和安全状态评估。

b）进入危险区域的预警、异常行为报警、异常状态报警功能，包括声光报警和语音报警等。

7.6.2.2 危险区域风险监控

根据车间的规划布局和工艺设备特点，设定危险源和危险区域，对潜在的火灾危险、机械危险、电气危险、热危险、噪声危险、辐射危险、材料和物质危险等进行统计和评估，例如：机械伤害作用范围、旋转零件平衡状态、噪声指标、粉尘浓度等。

利用工业相机、摄像头等视觉检测设备，对机械伤害作用区域、潜在的火灾区域、潜在的坠落或者卡阻区域等，进行实时监控，并与预设的标准值进行比对，实现超限报警、反馈调节等功能，对险情及时判定，以避免危险事件发生和减轻事故后果。

7.6.2.3 安全完整性监视与管理

根据数字化设备的工艺特点，识别设备的风险参数和安全信息，建立车间安全完整性监视与管理系统，包括：

a）采集设备安全状态、故障频率及响应信息。

b）提供实际运行条件下安全完整性的可视化，实时更新整个生产线安全完整性等级。

c）对于安全完整性降低的设备发出预警或报警，并与设备管理模块进行信息交互，提出设备维修保养请求。

7.6.2.4　事故应急响应

根据数字化车间的规划布局和危险区域的划分，制定安全事故发生时的应急预案，设定应急导引和应急操作指示，保证在危险发生时，以最快时间导引人员脱离危险，减少不正确的反应和误操作，尽可能保证人员、设备及财产安全。

7.6.2.5　信息安全监管

数字化车间建议使用两级防火墙，第一级防火墙防止来自外部的非法访问，第二级防火墙用于屏蔽内部网络的非法访问和分配不同权限合法用户的不同授权。应采取严格的权限管理措施，对关键性工作站的操作系统的访问加以限制，采用加密的方式来防止关键信息窃取，对所有的信息访问进行有效控制，对所有的访问行为进行统一日志管理，对安全服务、事件响应机制等进行统一管理。

7.6.3　数据表

车间安全管理模块各数据表名称、数据流向、数据表关键字段如表 6 所示。

表 6　车间安全管理模块数据表

序号	数据表名称	数据流向	数据表关键字段
1	人员信息	数据输入	工号、姓名、部门、岗位
2	设备安全状态反馈	数据输入	安全检查时间、检查人员、工厂、部门、设备编号、设备名称、检查方案编号、检查方案编号名称、检查项目编号、检查项目名称、检查结果、检查结论
3	安全相关运行数据	数据输入	安全检查时间、检查人员、工厂、部门、设备编号、设备名称、危险源/风险环境监测数据、安全运行状态、安全运行数据
4	安全要求	数据输出	工厂、部门、设备编号、设备名称、安全信号、信号类型、信号含义
5	安全指令	数据输出	工厂、部门、设备编号、设备名称、风险控制指令、事故应急响应指令

8　系统集成要求

8.1　功能模型

小型断路器数字化车间的系统集成要实现管理层、执行层、设备层的数据连接，上下网段要使用相同的数据字段和数据字典，以保证互联互通和互操作性。小型断路器数字化车间通信中传送信息的参数项、数据类型、单位等要素可参考附录 A。

小型断路器数字化车间系统集成架构如图 12 所示。

8.2　功能要求

8.2.1　中间件

数字化车间中设备层数字化设备与执行层、数字化设备与数据库之间可直接进行数据传输。当需要转换通信协议或在不同操作系统间实现数据交互时，可采用中间件。

中间件功能要求：

a）通信协议转换功能，宜实现 Modbus TCP、Ethernet/IP 等工业以太网通信协议到数据库，以及 OPC、OPC UA 到数据库的转换。

b）可运行于不同的操作系统平台，可支持跨网络、硬件和操作系统平台的数据传递。

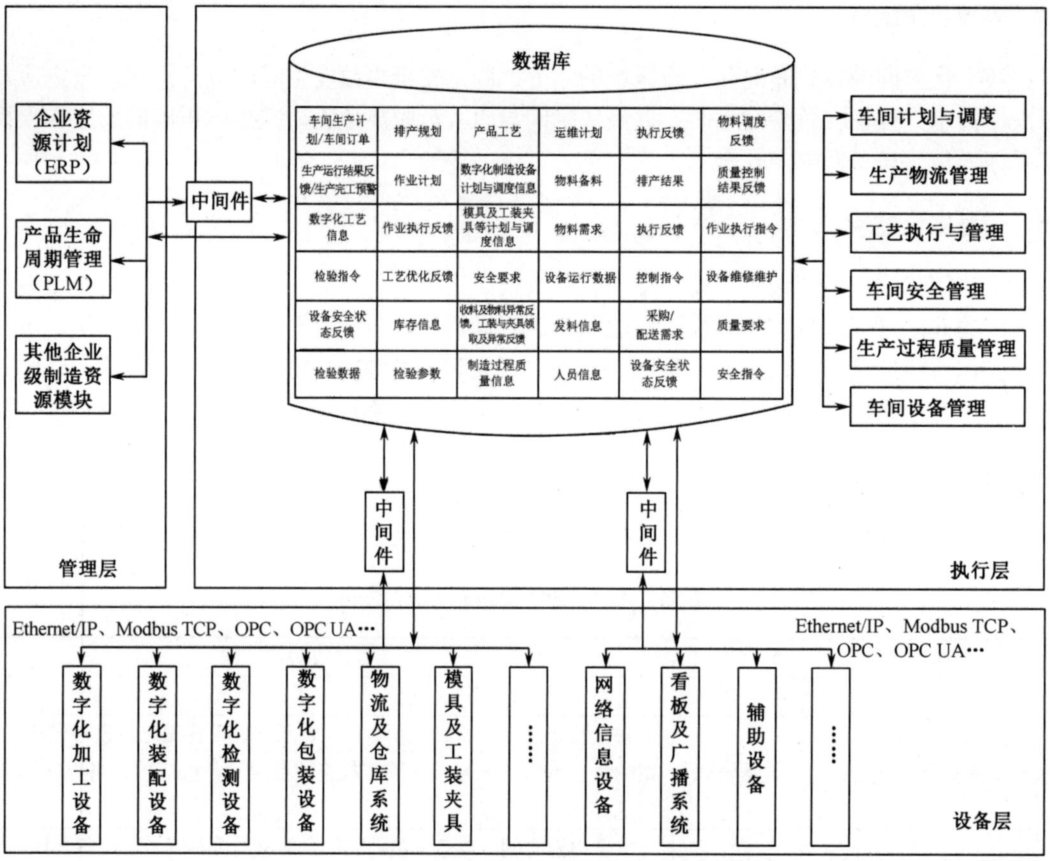

图 12　小型断路器数字化车间系统集成架构

8.2.2　数据库

8.2.2.1　数据采集与存储

小型断路器数字化车间的数据库，分为实时数据库和关系数据库。

对于在线数据，宜采用实时数据库（大规模数据的并发缓存、原始数据采集存储）。对于经过处理的可关联数据宜采用关系数据库。由实时数据库向关系数据库导入数据的过程中，需要对数据进行预处理，即原始采集数据按规则进行数据的过滤、剔除。对于离线数据，由于数据实时性滞后和数据量少的特点，通常直接采集到关系数据库。

实时数据库与关系数据库对采集数据的存储方式及相互关系如图 13 所示。

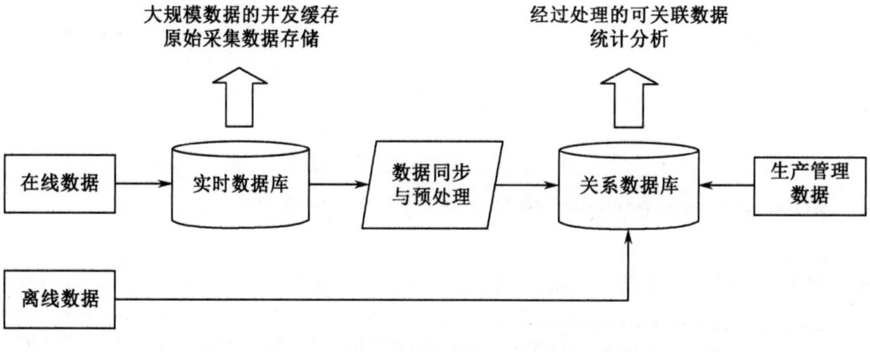

图 13　数据采集存储方式及相互关系

8.2.2.2 实时数据库

实时数据库嵌入在设备层的数字化加工、数字化装配、数字化检测、数字化包装、数字化物流以及数据采集装置等设备应用软件中，用于采集和储存生产现场实时性较高的数据，根据既定逻辑控制设备动作，并向执行层提供所需信息，其功能要求包括：

a）能够实现通过 OPC Server 与执行层、管理层模块进行数据交换。

b）身份认证和权限管理，应具有对接入的用户进行授权和认证的功能。

c）降低重复数据，减少数据冗余，保证数据的一致性。

d）具有完整性控制功能，保证数据的正确性、有效性和相容性。

e）具有故障恢复机制，可及时发现物理上或是逻辑上的错误并修复，防止数据被破坏。

f）可设置分布式数据库，将数据库分散在多台设备中，支持执行层的数据调用。

8.2.2.3 关系数据库

关系数据库主要用于管理离散数据和预处理数据，以及经过数据同步和预处理后的实时数据的存储功能。为了满足执行层和管理层的数据交换，执行层和管理层宜采用同一数据库，推荐使用支持标准 SQL 语言的数据库产品，功能要求包括：

a）身份认证和权限管理，应具有对接入的用户进行授权和认证的功能。

b）降低重复数据，减少数据冗余，保证数据的一致性。

c）具有安全控制功能，以防止数据丢失、错误更新和越权使用。

d）具有完整性控制功能，保证数据的正确性、有效性和相容性。

e）具有并发控制功能，使在同一时间周期内，允许对数据实现多路存取。

f）具有故障恢复机制，可及时发现物理上或逻辑上的错误并修复，防止数据被破坏。

附录 A
（资料性附录）
小型断路器数字化车间制造过程数据字典

A.1 概述

本附录规定了小型断路器数字化车间制造过程数据字典。

A.2 小型断路器数字化车间制造过程数据字典

小型断路器数字化车间设备在通信中传送信息的参数项、数据类型、单位、语义等详见表 A.1。

注：小型断路器数字化车间设备的参数无法详列，表 A.1 中给出了部分典型参数，是否保留由制造商申明，差异部分由制造商直接在产品使用手册或说明书中说明。

表 A.1 小型断路器数字化车间制造过程数据字典

序号	参数项	数据类型	单位	语义	备注
1	制造时间（年、月）	WORD	—	设备出厂年份	数字化生产线设备描述
2	制造时间（日、时）	WORD	—	设备出厂日期	
3	额定频率	UINT	Hz	设备工作额定频率	
4	额定电流	UINT	A	设备工作额定电流	
5	额定电压	UINT	V	设备工作额定电压	
6	工作环境温度	SINT	℃	设备工作环境温度	
7	设备描述 ID	STRING24	—	设备于企业中的标识码	
8	设备描述版本	STRING4	—	设备版本序列号	
9	设备描述出版日期	STRING10	—	设备描述的出版日期	
10	制造商 ID	STRING32	—	设备制造商序列号	
11	出厂编号	STRING32	—	设备出厂序列号	
12	产品版本号	STRING8	—	设备版本序列号	
13	控制单元版本号	STRING8	—	设备控制单元序列号	
14	硬件版本号	STRING8	—	设备硬件序列号	
15	软件版本号	STRING8	—	设备软件序列号	
16	频率	UINT	Hz	数字化生产线工作频率	数字化生产线设备工作状态
17	电流	UINT	A	数字化生产线工作电流	
18	电压	UINT	V	数字化生产线工作电压	
19	环境温度	SINT	℃	数字化生产线工作温度	
20	工作时间	UINT	—	数字化生产线工作时间	
21	工作节拍	UINT	次/s	数字化生产线工作节拍	
22	故障次数	UINT	次	数字化生产线故障次数	
23	系统时间（年、月）	WORD	—	当前年、月	系统时间设置
24	系统时间（日、时）	WORD	—	当前日、时	
25	系统时间（分、秒）	WORD	—	当前分、秒	
26	塑料流速	UINT	mm/s	注塑设备供料速度	注塑参数
27	注塑压力	UINT	kPa	注塑设备注塑压力	
28	模具温度	UINT	℃	注塑设备模具当前温度	
29	注塑时间	UINT	s	注塑设备注塑所需时间	

续表

序号	参数项	数据类型	单位	语义	备注
30	冷却时间	UINT	s	注塑设备模具冷却时间	
31	注塑成品时间	UINT	s	注塑设备产出成品时间	
32	注塑产出数	UNIT	个	注塑设备产出成品数量	
33	注塑不良数	UINT	个	注塑设备产出不良个数	
34	冲压速度	UINT	mm/s	冲压设备冲压速度	冲压参数
35	送料速度	UINT	mm/s	冲压设备每次供料速度	
36	送料行程	UINT	mm	冲压设备每次供料行程	
37	冲裁角度	UINT	度	冲压设备冲压角度	
38	电极压力	UINT	kPa	电焊设备电极产生压力	电焊参数
39	焊接电流	UINT	A	电焊设备工作电流	
40	焊接时间	UINT	s	电焊设备完成成品时间	
41	材料厚度	UINT	mm	当前电焊材料厚度	
42	装钉铆合压力	UINT	kPa	装钉铆合工作压力	装钉铆合参数
43	装钉铆合强度	UINT	N	装钉铆合工作强度	
44	装钉铆合节拍	UINT	个/s	装钉铆合成品时间	
45	喷码移印位置（X）	UINT	mm	喷码 X 轴位置	喷码移印参数
46	喷码移印位置（Y）	UINT	mm	喷码 Y 轴位置	
47	喷码移印位置（Z）	UINT	mm	喷码 Z 轴位置	
48	喷码移印节拍	UINT	个/s	喷码完成一次时间	
49	装配节拍	UINT	个/s	装配成品完成时间	装配参数
50	工作半径	UINT	mm	装配所需工作半径	
51	回转速度	UINT	mm/s	装配设备回转速度	
52	伸缩行程	UINT	mm	装配机械手臂伸缩行程	
53	装配位置（X）	UINT	mm	装配设备工作 X 轴位置	
54	装配位置（Y）	UINT	mm	装配设备工作 Y 轴位置	
55	装配位置（Z）	UINT	mm	装配设备工作 Z 轴位置	
56	焊接尺寸	UINT	mm	焊接具体位置参数	
57	超程	UINT	mm	动触头超行程的距离	
58	气隙尺寸	UINT	mm	电气间隙的长度	
59	双金属片位置	UINT	mm	双金属片的位置参数	
60	零件是否漏装	BOOL	—	称重比对	
61	长延时电流整定值	UINT	A	延时检测长延时电流设定值	检验参数
62	长延时时间整定值	UINT	s	延时检测长延时时间设定值	
63	短延时电流整定值	UINT	A	延时检测短延时电流设定值	
64	短延时时间整定值	UINT	ms	延时检测短延时时间设定值	
65	瞬动电流整定值	UINT	A	瞬时检测电流设定值	
66	耐压整定值	UINT	V	耐压检测压力设定值	
67	泄漏电流值	UINT	mA	泄漏电流检测设定值	
68	耐压时间整定值	UINT	s	耐压检测时间设定值	
69	包装节拍	UINT	个/s	包装完成单个成品时间	包装打包参数
70	包装时间（年、月）	WORD	—	包装完成年、月	
71	包装时间（日、时）	WORD	—	包装完成日、时	
72	包装时间（分、秒）	WORD	—	包装完成分、秒	
73	入库时间（年、月）	WORD	—	采购物料入库年、月	

续表

序号	参数项	数据类型	单位	语义	备注
74	入库时间（日、时）	WORD	—	采购物料入库日、时	
75	入库时间（分、秒）	WORD	—	采购物料入库分、秒	
76	配送时间（年、月）	WORD	—	生产物料配送年、月	
77	配送时间（日、时）	WORD	—	生产物料配送日、时	
78	配送时间（分、秒）	WORD	—	生产物料配送分、秒	
79	配送完成时间（年、月）	WORD	—	生产物料配送完成年、月	
80	配送完成时间（日、时）	WORD	—	生产物料配送完成日、时	
81	配送完成时间（分、秒）	WORD	—	生产物料配送完成分、秒	
82	配送数量	UINT	个	生产过程所需原料数量	
83	配送设备 ID	STRING32	—	配送设备序列号	
84	工单号	STRING32	—	生产工单序列号	
85	生产班次	WORD	—	生产工作班次（白班、夜班）	
86	生产设备 ID	STRING32	—	生产设备序列号	
87	成品仓 ID	STRING32	—	生产成品存放区域序列号	
88	原料仓 ID	STRING32	—	采购原料存放区域序列号	

成果八

锅炉焊接数字化车间　通用技术要求

引　言

标准解决的问题：

本标准规定了锅炉焊接数字化车间的车间基础设施、锅炉制造功能模块、信息交互内容。

标准的适用对象：

本标准适用于锅炉焊接数字化车间的规划、建设和验收。

专项承担研究单位：

上海工业自动化仪表研究院有限公司。

专项参研联合单位：

工业和信息化部电子工业标准化研究院、机械工业北京电工技术经济研究所、机械工业仪器仪表综合技术经济研究所、北京中电华强焊接工程技术有限公司、华西能源工业股份有限公司、哈尔滨锅炉厂有限责任公司、上海锅炉厂有限公司、上海船舶工艺研究所、同济大学、上海塔普仪器制造有限公司。

专项参加起草单位：

北京中电华强焊接工程技术有限公司、华西能源工业股份有限公司、哈尔滨锅炉厂有限责任公司、上海锅炉厂有限公司、上海船舶工艺研究所、同济大学、上海塔普仪器制造有限公司。

专项参研人员：

涂煊、徐东、王英、郧知衡、张利明、杨睿熙、黄海艇、高山青、吴春平、陆剑峰、王红亚、高洪明、丁原彦、曲增辉、郑惠锦、刘俊、陈永岐、陈亮、任明冰。

锅炉焊接数字化车间　通用技术要求

1　范围

本标准规定了锅炉焊接数字化车间的车间基础设施、锅炉制造功能模块、信息交互内容。

本标准适用于锅炉焊接数字化车间的规划、建设和验收。

2　规范性引用文件

下列文件对于本文件的应用是必不可少的。凡是注日期的引用文件，仅所注日期的版本适用于本文件。凡是不注日期的引用文件，其最新版本（包括所有的修改单）适用于本文件。

GB 15579.1—2013　弧焊设备　第 1 部分：焊接电源

GB/T 20720.3—2010　企业控制系统集成　第 3 部分：制造运行管理的活动模型

GB/T 37393—2019　数字化车间　通用技术要求

3　术语和定义

GB/T《数字化车间　通用技术要求》中界定的及以下术语和定义适用于本文件。

3.1　活动　activity

能使输入产生某些变化的一个制造过程。

[GB/T 16980.1—1997]

3.2　车间生产　shop floor production

工厂的一个组成部分，其功能与离散零件或产品的生产直接相关。

[GB/T 16980.1—1997]

3.3　物料清单　bill of material

所有组装件、零件和/或生产一种产品所用物料的清单，包括制造一种产品所需要的每种物料的数量。

[GB/T 20720.1—2006]

3.4　资源清单　bill of resources

所有资源以及在生产一种产品的生产过程中所需要的资源列表。

[GB/T 20720.1—2006]

3.5　生产线　production line

专用于生产特定数量产品或产品系列的一系列设备。

[GB/T 20720.1—2006]

3.6 生产单元 production unit

一组生产设备。它用于一种或多种原料的转换、分离或反应，生产出中间或最终产品。
[GB/T 20720.1—2006]

3.7 工段 work cell

一些不相似的机器组合在一起以生产一系列有相似制造要求的零件。
[GB/T 20720.1—2006]

3.8 工单 ticket

针对一个设备或一个工位，包含一个或多个作业组成的制造活动序列。

3.9 工位 work unit

车间生产管理中最基本的生产单元，是生产调度中工作任务分配的最小单元。

4 缩略语

Andon：生产管理安灯系统
AP：无线访问节点（Wireless Access Point）
BOM：物料清单（Bill of Material）
CAM：计算机辅助制造（Computer Aided Manufacturing）
CAPP：计算机辅助工艺编制（Computer-Aided Process Planning）
CNC：计算机数字控制机床（Computer Numerical Control）
DPM：直接部件标示（Direct Part Marking）
ERP：企业资源计划（Enterprise Resource Planning）
ICT：信息和通信技术（Information Communications Technology）
ID：身份证（Identification）
MES：制造执行系统（Manufacturing Execution System）
OPC UA：统一架构（OPC Unified Architecture）
OSI：开放系统互联（Open System Interconnection）
PLC：可编程逻辑控制器（Programmable Logic Controller）
PLM：产品生命周期管理（Product Lifecycle Management）
VLAN：虚拟局域网（Virtual Local Area Network）
WPS：焊接工艺规程（Welding Process Specification）
XTV：X 射线实时成像检测系统

5 总则

5.1 体系架构

锅炉焊接数字化车间生产的关键部件包括锅筒、集箱、膜式壁和蛇形管等部件，在此标准中，以锅筒生产过程为主要参考。根据锅炉制造流程的典型工艺特点，将锅炉制造过程分为备料、加工、焊接、检测四个主要环节。实现各环节的数字化，以及将各环节通过信息化手段进行高度集成是实现数字化锅炉车间的重要基础与主要技术路径。锅炉焊接典型工艺模型图如附录 A 中图 A.1 所示。

锅炉焊接数字化车间主要包括车间基础设施、锅炉制造功能模块两大部分。基础层应包括锅炉焊接数字化车间生产制造所必须的基础环境，如涵盖产品生产制造过程中备料、加工、焊接、检测的设备数字化，以及产品/零部件数字化标识等。执行层应对焊接过程中的各业务活动实现数字化管理，如计划排产与调度、生产规范管理、生产过程管理、生产物料管理、人员资质管理等。各层、各模块之间实现互联互通，实现锅炉的数字化制造，为智能工厂的建设提供基础。

锅炉焊接数字化车间体系架构图如图 1 所示。

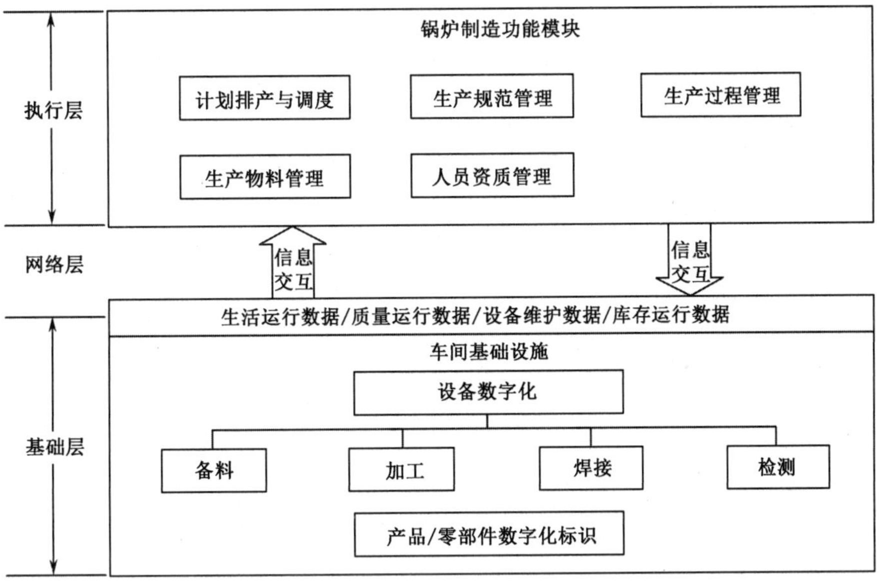

图 1　锅炉焊接数字化车间体系架构图

5.2　锅炉焊接数字化车间的一般要求

锅炉焊接数字化车间的技术特征应符合 GB/T《数字化车间　通用技术要求》。

锅炉焊接数字化车间的一般要求如下：

a）基础设施数字化

焊接车间的设备或工位应具备数字化接入能力，将车间资产和制造过程的数据转变为计算机能够识别的信息并进行加工和处理，以支持生产运营过程不同单元的活动。

数字化车间应建有连续的、相互连接的控制网络、设备网络和生产物联/物流网络，信息相关者应可实现基于网络的互联互通。车间具有基础计算和存储能力，具备对生产过程的数据和信息及时处理和分析的能力。

b）管理控制信息化和集成化

数字化车间应具有以制造执行系统为代表的、覆盖各项任务的信息系统。制造执行系统和数字化设备/工位、数字化仓储等相关系统互联互通，实现协同管控和协同优化。

各信息系统可实现内部集成，也可与企业 ERP 系统、PLM 系统等相集成。数字化车间可以通过车间级通信与监测系统，实现车间生产与管理的可视化。

c）人员资质与生产安全信息化

由于锅炉生产的特殊性，对特殊工种操作人员，如焊工、无损检测人员等进行匹配性的数据档案建立，在生产前应进行操作人员资质核对，防止无证操作。同时应实现数字化安全管控，应对危险信息、风险信息、保护措施信息、安全相关过程/设备/人员信息、管理规程信息、分析辅助信息、知识类信息等以数字化的形式进行采集、存储、调用、处理和展示。

6 车间基础设施

6.1 通用数字化要求

6.1.1 一般数字化控制器要求

a）关键装备需采用数字化控制系统，如可编程控制器 PLC、NC 控制器、工业电脑 IPC 等。

b）满足数据输入/输出要求，参考“8.2 数据输入”“8.3 数据输出（数据采集）”的基本要求。

6.1.2 高级数字化接口要求

a）采用可视化人机接口，如触摸屏、面板式工业电脑 IPC 等。

b）配置工业级网络接口并提供网络通信协议，可以与车间网络实现互联互通，如现场总线接口、工业以太网络接口，TCP/IP、OPC UA 通信协议。

c）满足数据输入/输出要求，参考“8.2 数据输入”“8.3 数据输出（数据采集）”的高级要求。

6.2 备料区

6.2.1 概述

准备与供应生产所需材料是备料区的主要功能。备料区应根据生产计划提前准备相应原材料，并根据排产信息及备料信息完成如下料等初步准备工作。

6.2.2 关键设备及数字化要求

备料区域关键设备包括立体料库、管料预处理生产线、板料自动切割机等。

料库装备需具备立体存放功能，依据车间网络传输的数字化工作令进行原料存储、配送、齐套性（缺料）提示。

原料预处理生产线、板料自动切割机控制器可接收自车间网络传输的备料参数指令、项目令号、材质号；设备可据此完成工作令确认、备料过程状态反馈、完工反馈，以及完工工件标识打印。板料自动切割机可通过 CAD 图纸进行切割下料且具备套料功能。设备宜对本工序余料进行数字化标识移植。

6.2.3 关键数据对象及要求

备料区的数据包括：

a）下发至备料区的数据：

1）原材料信息：材质、规格、数量。

2）材质检验信息：材质检验要求。

3）备料信息：备料规格、数量、工作令。

b）备料区反馈数据：

1）工作令确认数据。

2）备料状态反馈。

3）质检数据反馈。

4）原材料标识与管理。

5）备料标识数据。

以上关键数据可输出至控制系统。

6.3　加工区

6.3.1　概述

按加工要求将相应的备料或部件进行加工是加工区主要功能。加工区应根据图纸要求在机加工位或大型部件所在区域完成对备料或部件的加工。

6.3.2　关键设备及数字化要求

加工区域关键设备包括单管弯管机、空间弯管机、钻孔机、坡口机、卷板机、马鞍形切割机、焊缝清根机等。

单管弯管机、空间弯管机为锅炉重要部件蛇形管的制造装备，需包括数字化定长送管、数字化弯曲（摆动）位置控制、弯管模具数字化标识等基本功能，弯管机控制系统可接收自车间网络传输的弯管参数指令、配套模具号、项目令号、材质号等数字化信息；设备可据此完成工作令、模具号等信息确认，弯管过程状态反馈，完工反馈，弯头数量统计，弯管模具寿命周期记录及预警；宜配置工件标识打印装备，方便进行在制品物料跟踪。

钻孔机、坡口机完成集箱、锅筒等焊接前重要准备工序。可根据在设备端输入的图纸或自车间网络传输的图纸直接进行钻孔、坡口加工。

数字化卷板机可通过输入工艺参数（板厚、板长、板宽、屈服极限、卷筒半径、卷板速度及修正系数）使控制系统自动计算并优化出卷板过程的所有步骤，实现卷板成型的自动化、数字化控制。

数控马鞍形切割机包含数字化套料图形库，支持自动套料，满足马鞍形（相贯线）切割的正交、偏交等多种要求。

清根机采用激光传感器自动调整焊缝清根位置，实现焊缝清根工艺的自动化，也可通过视像系统肉眼确认，手动调整。

6.3.3　关键数据对象及要求

基准点、定位、弯曲半径、弯曲角度、热弯温度、切割气体流量、切割速度、刀具进给量、转速、定位等关键数据可由控制系统输出至设备。

6.4　焊接区

6.4.1　概述

焊接工艺是锅炉制造的核心工艺，主要包括埋弧焊、气体保护焊、焊条电弧焊、电渣焊等主要焊接方法。焊接区应按照锅炉锅筒、集箱、膜式壁、蛇形管等主要部件的生产流程合理布置。

6.4.2　关键设备及数字化要求

焊接区域关键设备包括膜式壁（水冷壁）焊接线、自动对接焊缝焊机、管板焊机、角焊缝焊机、机器人管座焊接系统、机器人销钉焊接系统等。

膜式壁（水冷壁）焊接线包括扁钢精整线、多枪单元焊机、多枪拼排焊机和管屏自动输送线。需采用全数字焊接电源，可与生产线控制系统进行双向实时数字化参数传输。可通过人机接口或车间网络完成焊接工艺参数设置。生产线控制系统可自动监测焊接电源、焊丝、焊剂（埋弧焊）、焊接保护气（气保焊）、冷却水等焊接环境变化并形成数字化反馈报表。

机器人管座焊接系统可实现集箱正交骑座式接头自动化焊接，采用离线编程技术实现机器人多层多道焊接轨迹及工艺参数的自动规划及焊接。

机器人管板焊接系统采用多轴协调运动机构，采用激光传感器进行焊缝寻位与跟踪，直接拾取焊缝根部起弧位置，机器人控制器内置焊接参数专家库并依次实现多管板、多规格的自动化焊接。

机器人销钉焊接系统采用双机器人协调龙门式销钉焊接系统，可实现离线编程轨迹规划、自动装钉、激光寻位、自动焊接。

以上机器人控制器均可与车间网络实现实时互联互通、信息交互。

6.4.3 关键数据对象及要求

可追溯焊缝的焊工信息、焊接电流、焊接电压、焊接速度、送丝速度、保护气体流量、预热温度、层间温度、后热温度及保温时间等关键数据，应能进行采集，并与特定焊缝或部件的标识进行关联，自动上传至焊接质量管理系统。

6.5 检测区

6.5.1 概述

检测区主要完成对原材料材质检测、部件装配尺寸检测、焊缝无损检测、水压试验等。其中XTV在线探伤、射线检测、水压试验等大型或特殊检测设备有固定检验区域，其他检测工序主要采用移动检测工位进行线边检测。

6.5.2 关键设备及数字化要求

检测区域关键设备包括合金光谱检测、无损探伤检测、水压试验系统等。

XTV在线探伤设备、膜式壁管屏成像探伤设备均配置工业图像处理工作站，采用CNC机、电、软一体化控制技术，实现探伤图像采集，图像处理，图像存储；可通过车间工业以太网络实现质检数据自动归集。

水压试验系统能实现水压试验过程自动控制，试验压力曲线自动记录。

6.5.3 关键数据对象及要求

焊缝标识信息、射线检测参数（如射线机设备型号、焦点尺寸、焦距、管电压、管电流、曝光时间、透照方式、放大倍数、探测器型号、像素尺寸、像质计型号、像质指数、灰度值、信噪比）、射线检测图像、水压试验参数（如温度、压力、时间等）等关键数据应能输出至控制系统。

6.6 产品/零部件标识数字化

6.6.1 概述

产品/零部件标识应贯穿于产品生产始终，包括产品实物及质量档案两部分，二者要求统一。产品制作过程主要包括原材料检验合格后入库保管、车间领料、材料下料、加工、焊接、组装成品、余料退库等，全过程均需要进行数字化标识管理。

6.6.2 产品/零部件标识流程

产品/零部件标识数字化流程图如图2所示。

6.6.3 产品/零部件标识要求

产品数字化标识内容应为原材料的材质、炉、批号、厂家信息、产品的工作令号、图号等，为了便于生产及质量追溯，也可以增加操作人员及检验人员代号。锅炉制造企业按照各自的标识规则对产品进行标识，同时在产品下料后及标识内容增加时，对标识编码进行移植。数字化标识可以通过字符、电子标签等形式以粘贴等方式存在于产品生产过程中的实物表面（包括焊缝附近）。

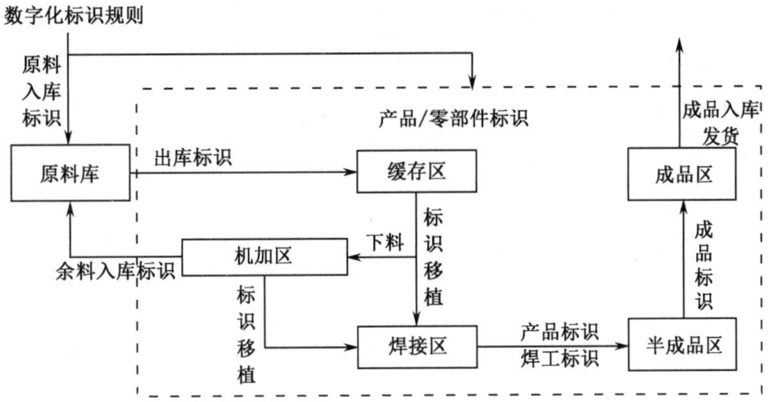

图 2　产品/零部件标识数字化流程图

标识具体信息可参考如下内容：

a）原材料：材料标准、厂家信息、材质、规格、炉批号、生产日期等。

b）下料：工作令号、图号，同时移植原材料信息，对于余料则只需移植原材料信息。

c）加工：工作令号、单件图号。

d）焊接：焊材信息、焊工代号、焊缝编号、WPS 信息等，同时移植原材料信息。

e）组装成品：工作令号、产品（部件）图号、完工日期等。

6.6.4　标识信息编辑及读取

锅炉焊接数字化车间应覆盖无线信号。可使用手持扫描机、条码打印机通过无线信号安全接入到材料信息管理平台。手持扫描机扫描产品/零部件上的电子标签读取标识内容。如生产过程需要增加新标识内容，可通过扫码机上的编辑面板进行增补，再通过电子标签打印机进行电子标签打印，将新生成的电子标签重新粘贴到产品/零部件上。

为方便读取产品标识内容信息，也可通过手机扫描读取。

7　锅炉制造功能模块

7.1　概述

建立“按订单组织生产”的生产计划调度模式，增强生产订单的柔性化处理能力，实现对生产任务的实时执行，实现交货周期可预估，生产过程可追溯。

建立统一的产品规范和生产规范，实现从产品设计到制造过程的数据一体化管理，实现生产工艺实时监控，产品质量可控。

跟踪产品生产过程中耗费的物料、人员、设备等资源情况，建立有效的核算机制和考核机制，实现低耗生产，减少浪费，降低成本。

7.2　计划排产与调度

锅炉焊接数字化车间的计划排产与调度是根据企业层下达的生产计划，根据车间执行能力，结合一定的优化方法，制订车间执行计划，下达到操作工位，并且根据执行情况进行调整的过程。一般要求如下：

—— 实现排产数字化，工单采用数字化的形式下发到工位。

—— 支持多品种小批量、按订单设计生产模式，支持优化排产。

—— 支持插单和生产计划变更，以灵活应对市场变化。

—— 通过多种技术手段，加强对作业过程的管控。
—— 提高车间管理实时性和透明化，实时调度和反馈、实时监视生产情况。
—— 支持与 ERP、PLM 等工厂管理系统的集成要求。
—— 优化人力资源的调配，保障生产的人力资源供应和资质保障。

7.2.1 详细排产

详细排产是为满足车间生产计划要求，根据产品工艺路线和可用资源，制订生产线或工段作业计划的过程。排产时，会综合考虑产品工艺要求、当前计划完成情况、车间设备等资源可用性等，并使资源获得最佳利用。详细排产的具体功能应满足 GB/T 20720.3—2010，6.6 节的要求。详细排产应根据产品生产工艺制订工序计划，考虑车间设备管理和生产物流管理中设备、人员、物料等资源的可用性进行计划排产，形成作业计划，发送给生产调度模块；同时，生产跟踪模块会及时反馈实际生产进度，供排产时参考。

根据锅炉生产的特点，详细排产还需要考虑以下内容：

—— 单件生产、中小批量生产时，生产的均衡化。
—— 焊接车间的人工工位（工作单元）会导致生产计划执行的不稳定性，宜结合工时定额等对其标准化。
—— 当原先工单计划安排的工位或工作单元因某些原因不能继续完成工作任务时，应具备调整计划的能力。

车间生产过程中，以下情形会触发详细排产活动，进行重新排产：

—— 当已有计划未按预期执行，可能造成拖期。
—— 有新生产计划下达或紧急插单。
—— 发生设备故障或工位生产能力变化，不能按期完成预期工单。

锅炉数字化车间的详细排产基于资源使用效率、整体完成时间、订单预计拖期时间等指标，可采用优化算法，对详细排产进行优化，提高数字化车间的生产效率。

7.2.2 生产调度

生产调度是为了实现作业计划的要求，分派设备或工位进行生产，并对生产过程出现的异常情况进行管理。应满足 GB/T 20720.3—2010 中 6.7 节的要求。

数字化车间的生产调度接收详细排产模块发送的作业计划，实时获取生产跟踪模块反馈的生产进度、各生产要素运行状态，以及生产现场各种异常信息，及时处理详细排产中无法预知的各种情况，保证生产作业有序、按计划完成。生产调度将数字化工单发给各生产工位，同时发送工单信息至工艺执行与管理模块，进行生产准备和工艺执行管理。

生产调度需要考虑工位上操作人员的资质，一些特殊工位、特殊操作需要一定资质的操作人员，生产调度模块宜提供必要的信息提示。

生产调度处理的异常情况主要包括：

—— 市场需求波动引起的紧急订单，下达到车间成为紧急插单，影响已安排的其他正常生产计划，需采取相应措施满足计划要求。
—— 生产计划已安排或投产后，发生客户临时变更订单要求，需采取相应措施满足要求。
—— 生产过程中进行质量检验发现不合格情况，导致返工返修需进行生产调度。
—— 设备或人员等发生异常情况，采取相应措施保证生产继续进行。

若异常事件导致无法通过调度满足计划要求，则需通过详细排产重新进行排产及优化。

7.2.3 生产跟踪

生产跟踪是资源计划中为生产响应准备的一系列活动。包括总结和汇报关于产品生产中人员和设备的实际使用、物料消耗、物料生产，以及其他（如成本和效益分析需要的有关生产的数据信息）。生产跟踪还向详细排产，以及更高层的企业生产计划提供反馈信息，使各层计划能根据当前情况进行更新。

数字化车间的生产跟踪应能自动获取生产相关数据，统计产品生产中各种资源消耗，并反馈给相关功能、系统或部门。生产相关数据的获取来源为工艺执行管理模块。

生产跟踪记录的生产过程信息可提供给产品追溯过程使用。

7.3 生产规范管理

锅炉焊接数字化车间的生产规范包括产品定义、工艺标准、物料清单的标准化管理。

生产规范管理的标准化应实现工艺网络化执行和工艺数字化管理。

7.3.1 工艺网络化执行

作业文件下发、作业程序下传、数据采集与反馈等应满足 GB/T《数字化车间　通用技术要求》的要求。

7.3.2 工艺数字化管理

工艺权限管理、作业程序管理、生产求助管理等应满足 GB/T《数字化车间　通用技术要求》中 10.3 节相关条款的要求。

作业文件包括锅炉生产流程工艺卡、WPS、检验工艺卡等，应以合适的数字化格式生成和传递，并以版本号区别。

7.4 生产过程管理

生产过程管理包括工艺执行管理、生产进度管理和质量管理。

7.4.1 工艺执行管理要求

焊接生产前应确认合格的 WPS 文件和焊道数字模型、工件待焊区域准备状态（坡口形式、间隙、清理状态、预热温度等）、焊接设备准备状态、焊接材料准备状态、操作环境和人员等信息，以数字信号方式发送至控制系统。

焊接过程中，应由焊接设备自动记录各工艺参数（电流、电压、焊接速度、送丝速度、气体流量、层间温度、焊后保温温度和时间等），并反馈至控制系统。

焊接完成后应记录表面质量检测数据，并反馈至控制系统。

焊接接头内部质量无损检测结果应反馈至控制系统。

应记录焊接修补工艺及位置等信息，并反馈至控制系统。

7.4.2 生产进度管理要求

进行生产作业分派和进度跟踪。

作业文件管理：作业文件包括锅炉生产流程工艺、WPS、质检工艺标准卡等，应以合适的数字化格式生成和传递，并以版本号区别。

作业程序管理：作业程序应通过工艺编码与数字化装备关联，并以版本号区别。

生产求助管理：工位发生的各种问题应可人工或自动发出求助呼叫信息，可触发声光报警装置、电子看板、广播等控制系统。

7.4.3 质量管理要求

应符合 GB/T《数字化车间　通用技术要求》中的相关要求。此外还应满足以下要求。

无损检测的质量控制：为了提高焊接质量的检验效率和检验精度，应运用数字化探伤装置，自动生成检验报告，可将检验结果保存到制造执行系统，实现焊接质量全面可追溯。

热处理的质量控制：热处理前所需的清理要求或防护要求，有追溯要求的部件热处理前应该按规定做出标记。采用合适的打码装置，解决热处理可能造成的标记遗失或模糊不清等问题。热处理全过程应自动检查，自动记录热处理的检测过程，自动生成热处理检验报告。

压力试验的质量控制：使用数字化水压试验装置，保证水压试验在符合规范的情况下进行，并自动记录全程测试数据，上传至制造执行系统存档，实现产品测试记录。

7.5 生产物料管理

从发料进车间到成品出厂，整个制造过程应对物料进行有效的数字化管理，使物料具备唯一性和可追溯性。物料内容包含产品本身原材料、工装用原材料及辅料（如焊接材料、保护气体等）。

根据设计图样和制造 BOM、材料申请单、材料代码、材料采购技术规范及质量计划要求采购原材料及辅料。

材料到厂后应按采购要求和标准进行验收，合格后入库并妥善保管。车间根据制造 BOM 生成电子料单进出料要求，进料后验收合格将进入投料生产阶段。最终完成产品加工及余料返回。

7.5.1 物料入库验收

物料入库时应附供货厂商的能标明物资品种、规格、数量的送货单或磅码单，以及质量证明文件等资料，仓库管理人员要逐一验证物料标识，并做好记录，发现不符时应按规定提交不符合项报告。

7.5.2 料库管理

物料收、发、存的账目应正确清楚，其账目清单应能够实现数字化管理，在系统中具备可追溯性。

物料应按相关规定如“物资贮存管理程序”进行保管，程序应对堆放要求、防锈措施、材料标记、存放条件等有明确的规定。

7.5.3 物资发放

根据制造 BOM 生成电子料单进行物料发放，并做好物料的标记工作。

7.5.4 材料标识

在生产过程中，每一种材料上应有材料标识（如钢印、色标、标牌等），标识应符合 6.3 节规定。

7.5.5 余料处理

焊材分库中多余的焊材，应在包装完整、标志清晰的情况下退回焊材总库。如遇到标识不清晰的情况，应核对标识之后，退回焊材总库。

产品完工后，焊工未用完的焊丝应送还焊材分库，由分库统一管理。

可用的余料部分按 6.3 节做好标识后，退回仓库。

余料退回应在系统中具备可追溯性。

7.6 人员资质管理

人员资质管理包括人员资质数据库的建立，操作人员资质验证，人员资质复审，人员工时管理和人员绩效管理。

7.6.1　人员资质数据库的建立

对特殊工种操作人员（焊工、无损检测人员等）进行匹配性的数据档案建立；对员工的培训、考试、取证等信息进行记录。

7.6.2　操作人员资质验证

对工序操作时应先识别人员角色，并进行身份鉴别；通过数字化设备记录操作数据，并同步匹配相关资质信息。

7.6.3　人员资质复审

系统通过收集操作人员数据，对复审人员提前进行提示。例如对于特种设备作业人员，每四年复审一次；又如持证手工焊焊工或焊机操作工对某焊接方法中断特种设备焊接作业 6 个月以上，若该手工焊焊工或焊机操作工若再使用该焊接方法进行特种设备焊接，则应当被复审。

7.6.4　人员工时管理

建立人员工时管理体系，实现人员班组管理，通过技术化手段采集人员生产工时数据。

7.6.5　人员绩效管理

通过对人员的工序工时数据进行统计，将生产产品与人员绑定，从而建立产品质量与人员之间的关联，能够对人员的生产效率、加工质量进行统计，并作为绩效统计的依据。

8　信息交互

8.1　通信网络

锅炉焊接数字化车间的通信网络提供数字化设备、数字化操作终端、自动化系统、车间服务器等相关节点的互联，其基本要求可以参考 GB/T《数字化车间　通用技术要求》中 9.1 节条款内容。根据锅炉焊接车间的特点，还应注意以下事项：

—— 锅炉焊接数字化车间内，由于焊接设备引起的高电磁干扰等因素，网络部署过程中需要注意电磁隔离，物理介质宜使用屏蔽双绞线或光纤。

—— 对于移动工位或布线不方便的工位，可采用无线接入方式，需对传输的可靠性进行测试。可在软件应用层对传输过程进行额外的校验，不宜在实时性要求高的场合使用。

8.2　数据采集

8.2.1　一般要求

数字化工位、设备具备为执行层提供可对生产、质量、维护、物流等状况进行监控、统计、分析所需的基础数据。

8.2.2　功能要求

数据采集应具备的基本功能如下：

—— 人员信息：用于描述该工位在进行某一生产过程相关的操作人员信息，如焊接人员、质检人员等。

—— 加工质检信息：用于描述该工位在进行某一生产过程相关的信息，如焊接工件名称、焊接工艺参数、焊接时间、焊接工件计数、无损探伤、水压质检信息、装配检验信息等。

—— 工位设备状态信息：用于描述设备的待机状态、空运行状态、焊接加工状态等相关信息，如开关机状态、焊接时间、设备总运行时间、操作模式等。

—— 故障报警及信息：用于描述加工装备异常时产生的故障和报警相关信息，如报警代码、报警内容、持续时间、频次等。

—— 能耗数据：用于描述加工装备在运行过程中消耗的能源相关信息，如焊接气体、焊材、焊剂、水、电压、电流、功率等。

—— 数据缓存：支持数字化加工装备保存一定时间的历史数据，以确保意外离线时仍然能够保持数据的连续性完整性。

—— 操作追溯：支持记录数字化加工装备的操作履历，便于装备发生故障时进行操作过程追溯。

可具备的高级功能有：

—— 用具管理信息：用于描述加工装备所使用到焊接、加工刀具相关的信息，如刀具参数、刀具使用寿命等。

—— 装备感知功能：根据工位、设备传感器等上传的信息自动完成自诊断及调整，即自适应和自诊断功能。

—— 其他信息：用于描述各种加工装备特有的数据信息。

8.3 数据字典

锅炉焊接数字化车间的数据字典主要实现对车间中所有的硬件、软件进行数字化定义/建模。硬件一般是指车间内的所有生产资源，如焊机、弯管机、切割机等，以及被生产的对象，如汽包、集箱、蛇形管等；软件一般是指车间的各类控制和管理软件，以及各类交互的信息，如生产数据信息、操作信息、物流信息等。

对于锅炉焊接数字化车间的硬件部分，表 1 给出了弧焊电源属性作为示例。

表 1　弧焊电源属性

弧焊电源属性列表		
	标志	
		制造商
		型号
		制造信息
		焊接电源符号（可选）
		执行标准
	能量输入	
		输入类型
		额定输入电压 U_1
		额定最大输入电流 I_{1max}
		额定最大有效输入电流 I_{1eff}
		防护等级
	焊接输出	
		焊接工艺
		焊接电流
		电源静特性
		额定空载电压 U_0
		负载持续率 X
		额定焊接电流 I_2
		约定负载电压 U_2

续表

弧焊电源属性列表			
	控制输入		
		控制输入的类型	
			<信号>输入
	信号输出		
		输出类型	
			<信号>输出
	数字通信		
		数字通信接口	
	额定操作条件		
		安装条件	
			部署条件
			启动条件
		环境设计等级	
			正常的环境条件
			触电危险性大的环境条件
	机械和电气结构		
		外形尺寸和重量	
		结构设计	
		防爆设计批准	
		规范和标准的批准	
	可操作性		
		基本配置	
		参数化	
		调节	
		操作	
		诊断	

对于锅炉焊接数字化车间的软件部分，表 2 给出锅炉焊接车间的 MES 系统软件属性作为示例。

表 2　MES 系统软件属性

软件属性列表				
	计划排产与调度			
		输入		
			生产计划（ERP 系统）	
			生产调度信息	
				插单信息
				设备状态信息
				工单变更信息
				人员状态信息
		输出		
			作业计划任务书	
				焊锡号
				材质
				规格
				计划内容

续表

软件属性列表				
				操作员
			生产调度计划	
			生产跟踪记录	
	生产规范管理			
		输入		
			作业计划任务书	
			工艺数字化文件	
		输出		
			作业文件	
				焊接工艺规程文件
				生产流程工艺卡
				检验工艺卡
	生产过程管理			
		输入		
			物料清单	
			派工单	
			作业文件	
				焊接工艺规程文件
				焊道数字模型
				工件待焊区域准备状态
				焊接设备准备状态
				焊接材料准备状态
				操作环境和人员状态
			生产进度管理文件	
				作业程序
		输出		
			焊接过程工艺参数	
			焊接过程质量报告	
				焊缝无损检测报告
				热处理检验报告
				水压试验测试数据
	生产物料管理			
		输入		
			生产物料采购信息	
				设计图样
				制造 BOM
				材料申请单
				材料代码
				材料采购技术规范
				质量计划要求
		输出		
			材料入库清单	
			材料库余清单	
			电子发料清单	

续表

软件属性列表			
			余料库存清单
	人员资质管理		
		输入	
			焊工人员资质信息
			检测人员资质信息
		输出	
			人员培训考试取证信息
			人员资质复审信息
			人员工时管理信息
			人员绩效管理信息

9 系统集成

9.1 概述

锅炉焊接数字化车间的互联互通范围，指实现互联互通的两个设备或两个网络所处的系统集成的层次。

工业企业系统集成层次见标准 GB/T 26335—2010《工业企业信息化集成系统规范》的 7.1 节。锅炉焊接数字化车间的系统集成层次包括 L1~L4，互联互通的范围如图 3 所示。

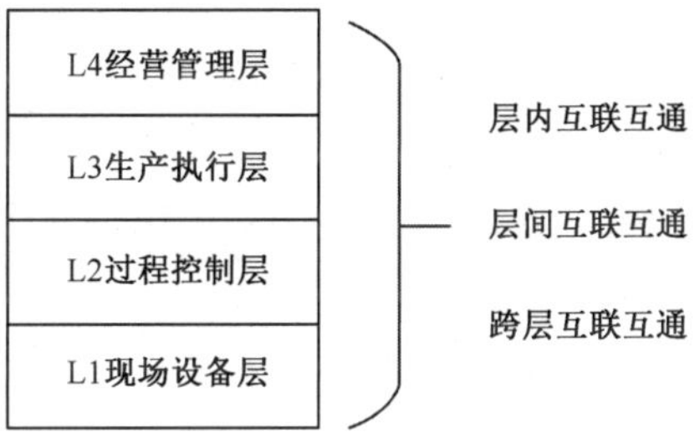

图 3　互联互通的范围

互联互通范围所需要考虑的要素包括层内互联互通、层间互联互通和跨层互联互通。

9.2 横向集成

横向集成指在 L1～L4 各个层内部实现不同设备或不同网络之间的互联互通。

根据管理或控制需要，可在各个层内部分成逻辑段，段内设备或网络实现横向集成，段间网络实现隔离。

9.3 纵向集成

纵向集成是指两个不相邻的层内的设备或网络通过集成手段实现互联互通。

根据某些业务需要，可包括跨层的纵向集成。如经营管理层的某个应用直接获取现场控制层某个设备的数据。层间出于管理和控制的需要，不同设备或网络之间实现互联互通。上一层应包括下一层设备或网络数据汇聚点，可获取下一层设备或网络的数据。

9.4 系统集成

系统集成实现是指系统集成的实现方法。系统集成的整体框架如图 4 所示。

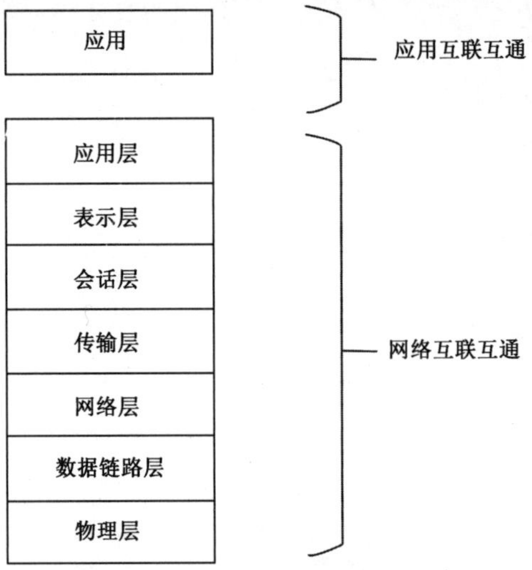

图 4 系统集成的整体框架

9.5 网络互联互通

网络互联互通指两个设备、两个网络之间，或多个设备、多个网络之间，通过某种协议形成的具有一定管理和控制的数据通道。

根据国际标准化组织（ISO）在 1983 年提出的开放式系统互联（OSI）网络体系结构框架，以及ISO/OSI 参考模型，各个层之间遵循一定的通信协议，就能保证层的互联互通。

GB/T 18729—2011《基于网络的企业信息集成规范》给出了网络互联互通的一些规范，并给出了一种公共通信协议，见该标准的 3.4.5 节。

遵循不同网络协议的设备或网络实现互联互通，需要通过连接器或协议转换器，包括：

a）无线接入点。

b）交换机。

c）路由器。

d）网关。

9.6 应用互联互通

应用互联互通是指在网络互联互通的基础上，实现应用系统之间的数据交互。

应用互联互通的实现需要考虑：

a）应具备统一的数据定义格式。

b）应具备统一的接口。

c）可设计专门的转换器，连接不同的应用。

d）宜统一数据语义，减少数据交互过程的歧义。

附录 A
（规范性附录）
锅炉焊接数字化车间数字化制造设备典型要求

A.1　锅炉焊接典型工艺模型

锅炉焊接数字化车间生产的关键部件包括锅筒、集箱、膜式壁和蛇形管等部件，在此标准中，以锅筒生产过程为主要参考。根据锅炉制造流程的典型工艺特点，将锅炉制造过程分为备料、加工、焊接、检测四个主要环节。实现各环节的数字化，以及将各环节通过信息化手段进行高度集成是实现数字化锅炉车间的重要基础与主要技术路径。锅炉焊接典型工艺模型图如图 A.1 所示。

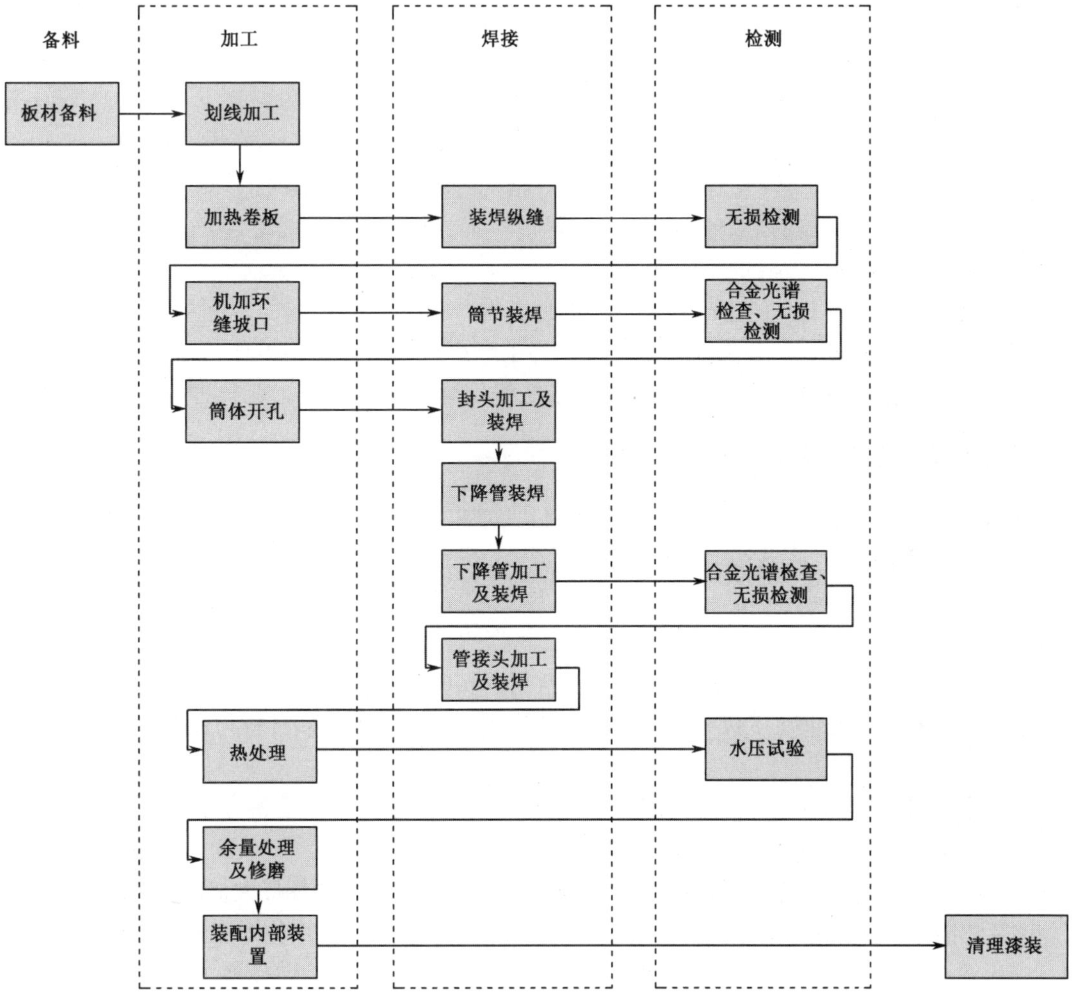

图 A.1　锅炉焊接典型工艺模型图

A.2　基本要求

自动化功能：具备在少人操作的情况下按照既定的工艺逻辑（NC 代码或 PLC 程序）实现自动焊接、加工生产。

网络功能：具备网络接口，可接入控制网络或工厂信息网络，在保证安全传输的前提下，与网络中其他设备实现数据交换。

柔性功能：焊接、加工设备满足多品种的焊接、加工。

远程监视：焊接、加工设备需具有对设备的运行状态、消耗品寿命等远程监视（故障预告）的功能。

安全功能：为确保人员安全，针对具有一定危险性的环境及操作行为具有警示和规避功能。为确保设备使用安全，针对可能影响设备正常使用的易损易耗部件、用具等进行寿命周期统计并预警。

A.3 数字化机加设备典型要求

锅炉制造车间的机加设备主要包括切割机、剪板机、卷板机、带锯机、坡口机、校平机、成排弯机、弯管机、车床、钻床等。

机加设备数字化程度应达到：

a）数控设备应能够进行网络化管理、数控程序集中规范化管理、数控设备生产信息的数据采集和生产数据统计。

b）各种不同操作系统、不同性能的设备应能够实现设备与服务器的数据通信，主要功能包括数控程序的上传、下载、在线加工、机加参数备份等。

c）机加设备应将所有数控加工程序集中存放到系统服务器，实现数据的集中管理和应用共享。程序管理系统包括产品结构树的管理、数控程序的流程管理、人员权限管理、安全管理、版本管理、程序附属文档管理，实现对数控程序全生命周期的跟踪管理，避免操作者错误调用数控程序。

d）机加设备应实时采集数控设备状态信息，包括远程监控设备状态（运行、空闲、故障、关机、维修等状态），实时获知每台机加设备的当前状态、加工工件名称、生产数量和进度情况等，为 MES 提供准确、及时的生产完工信息。

e）机加设备应对采集上来的生产数据进行各种查询、统计、分析，如设备利用率分析、人员工作效率分析、故障分析、各类停机分析等，为生产决策提供真实、实时、可靠的依据。

f）能够与 CAM、CAPP、MES、刀具管理系统等信息化软件集成，避免存在信息化孤岛。

A.4 数字化焊接设备典型要求

锅炉制造车间的焊接设备主要包括纵缝和环缝自动焊、马鞍型自动埋弧焊、集箱接长和端盖自动焊系统、集箱短管接头焊、膜式壁自动化焊接生产线、蛇形管自动化生产线，以及大量手工焊接电源和设备等。

焊接设备数字化应达到：

a）重点焊接工位和焊接过程都能够自动进行数据的实时采集，自动采集焊接的实时参数并远传备份保存数据，保证重点工位和焊接点的数据完整可靠，做到焊接过程可跟踪和查询，并可以长期保存。

b）实时监控重点焊接工位的工作状态和工作参数，可以根据重点设备分别统计设备的利用率和效能，同时针对不合理数据可以给出合理化改造建议。

c）实时监控重点岗位焊工的工作状态和焊接工艺水平，针对不同的焊接人员可以分别统计出该人员的工作能效，同时可以记录焊工的考勤，根据这些数据输出重点岗位焊工的考核指标参数信息。

d）实现焊接工艺数字化定量要求和规范输出，针对不同的工位和焊接要求，制定不同的焊接工艺规范，如果焊接不符合焊接规范范围，系统会自动本地和远程报警，警告该工位违规操作，从而保证焊接品质和产品一致性。

e）实现详细记录重点岗位焊材的使用量和使用时间，针对不同的班组、焊接人员和设备可以分别统计焊材的使用量和使用时间。

f）实现重点岗位焊接工艺规范的数字化记录和分析。

A.5 数字化物流设备典型要求

锅炉制造车间物流暂存、转运应采用实现自动化、数字化、智能化的立体料库、物流输送线，以及物料转运平车。

a）立体料库数字化

生产线上配多层立体料库，用于存储管料或板料，并且实现数字化控制。

料库采用自动小车上/下料的方式，为后续工位供料。料库每一层的位置设定和选用，由编码器通过 PLC 控制。上极限位设有开关保护，下极限位设有零位开关。

数字化控制系统可图形化展示料库的库存情况，直观显示各类物料的存储位置，提高物料储运效率。

实现料库的透明化管理，提高车间余料的利用率，降低材料成本。

采用合理的存储管理方法，有效利用存储空间，降低生产运营成本。

具有明确的物料存放位置引导，产生物料存放的推荐位置，使物料存放更加规范、有序，提高车间整体运行效率。

b）物流输送线、物料转运平车数字化

物流输送线的用途是实现所有工位间的工件物流输送与交替，生产线上设置多个装配、焊接区域，采用物流转运平车输送工件。

电气控制应以 PLC 控制系统为主，具备可进行无缝连接的数字化网络接口与车间管理系统，以自动化、数字化、智能化物流设备来保证生产的流畅性和齐套性。

A.6　数字化质检设备典型要求

质检设备主要包括 X 射线探伤、XTV 在线探伤、水压试验设备等。

a）蛇形管生产线 XTV 在线探伤

应由高频恒压 X 射线机系统（配大焦点射线管）、线阵列探测器、图像处理工作站、铅房及机械传动装置、PLC 电气数控系统、现场监视系统等六个主要模块组成。系统应采用 CNC 机、电、软一体化控制技术，达到同步协调运动，能够实现半自动化检测功能，一键实现射线开、夹管、转管、图像采集、图像处理、图像存储、射线关等操作流程；可根据用户要求选择软件控制、按钮控制和触摸屏控制。半自动化检测功能可大幅度降低操作工程师的劳动强度。

b）膜式壁管屏 DR 成像系统

系统应自带铅房，可安装在车间任意位置或生产线工位上，管屏进出口可采用敞开式射线防护技术，应采用高清晰度摄像机和激光红外指示技术，实现产品在线监控。

A.7　数字化热处理设备典型要求

锅炉制造中各种特殊金属均需进行热处理，属于耗能设备。因此热处理的数字化、节能化改造升级也是关键环节之一。

根据待处理工件的大小、多少、温度范围等进行整体、半炉的组合使用，包括自动点火、自动温控、火焰检测、熄火保护等全功能自动化。

根据热处理工艺的生产特点，按照数据存储的要求将热处理工艺数据化。同时利用数据库存取访问技术对过程记录与过程参数进行实时跟踪记录和存储，并利用网络技术实现生产全过程的可视化和移动终端的浏览访问，从而实现热处理生产过程的数字化。

A.8　数字化移动终端接入典型要求

对于不具备数字化接口或者不能直接接入到车间网络的可移动设备、质检移动工位，以及人工工位，可通过数字化移动终端接入的形式实现工位数字化。

数字化移动终端接收来自执行层应用系统的定义、执行指令，在本工位内进行执行；同时，采集录入本工位的生产执行过程和结果数据，并进行上报。

附录 B
（资料性附录）
锅炉焊接数字化车间案例集

B.1 案例 1：电站锅炉联合车间

B.1.1 目的与概述

本案例“锅炉焊接数字化车间”涵盖范围为电站锅炉联合车间（厂房），包括备料、集箱（汽包）、膜式壁、蛇形管等全部工艺车间。本案例通过将锅炉制造中自动化的机械加工、焊接、转运、装配、质检等关键工序、工位或生产线与信息技术相融合，运用精益制造的生产管理方式，打造企业生产车间的核心竞争力，为企业、行业起到试点示范作用，进而推广至以焊接工艺为主的制造行业。

B.1.1.1 锅炉焊接联合车间总体规划图（见图 B.1）

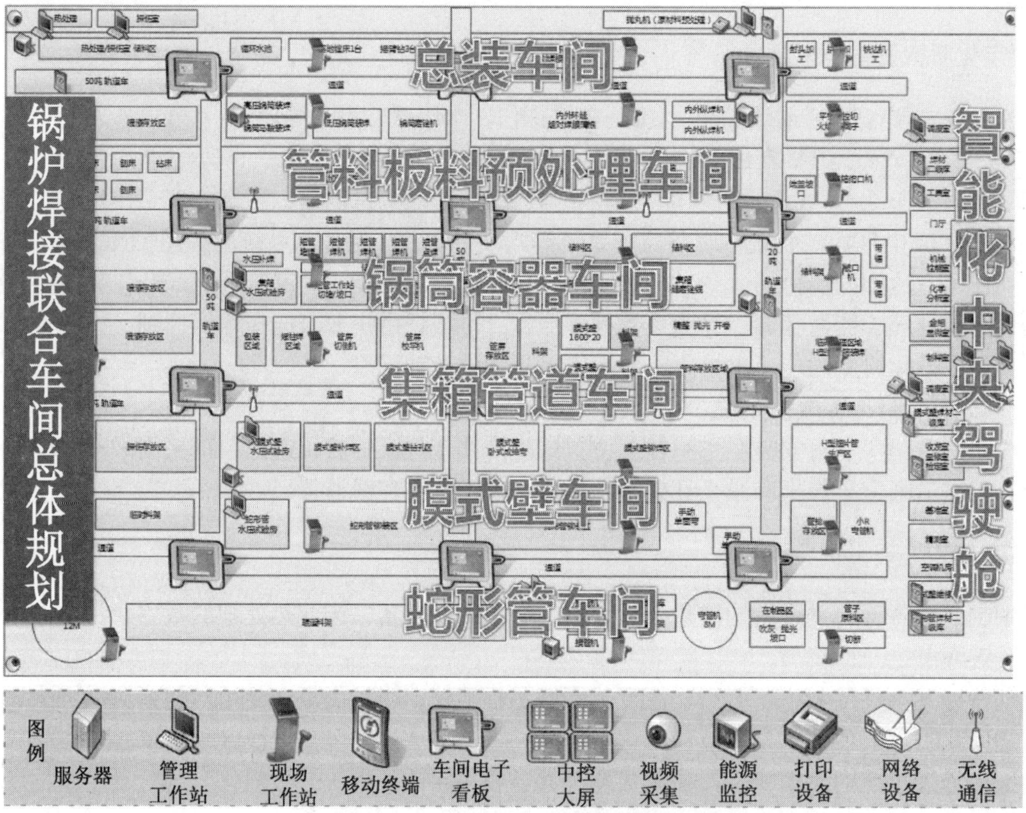

图 B.1 锅炉焊接联合车间总体规划图

B.1.1.2 优势特点

采用集中联合车间方式，具有如下优势特点：

a）集成了锅炉蛇形管、膜式壁、集箱等主要关键部件的生产制造。联合车间内资源可以实现统一调配，实现单位面积效益最大化。

b）蛇形管、膜式壁、集箱生产采用流水线模式，按图 B.1 从右向左开始加工、制造直至终检。有效缩短物流转运时间，提高了生产效率。

c）可在线完成机加、焊接、在线探伤、转运、装配、无损探伤等。在线探伤有效减少了专为探伤进行转运、等候的时间。

d）各工位之间传送均采用输送辊道或输送小车来完成。

e）各工位的零部件均通过输送辊道统一配送。

f）采用立体料库存放，自动存取料，节省场地并提高效率。

g）整线操作实现了少人化操作。

B.1.1.3　中央驾驶舱

中央驾驶舱可实现联合车间整体透明化、数字化与智能化管理，中央驾驶舱如图 B.2 所示。

图 B.2　中央驾驶舱

B.1.2　实现方案

B.1.2.1　信息系统架构

数字化车间的信息系统架构大致可分为基础层、执行层和资源层。以车间网络连接基础层和执行层，并实现基础层中各种数字化装备、数字化工位之间的信息数据交互。执行层可以通过工厂网络与营销、订单、采购、财务、库存，以及研发、设计、工艺、质检等部门进行数据交互，也可以根据需要与外部信息系统进行对接。信息系统架构如图 B.3 所示。

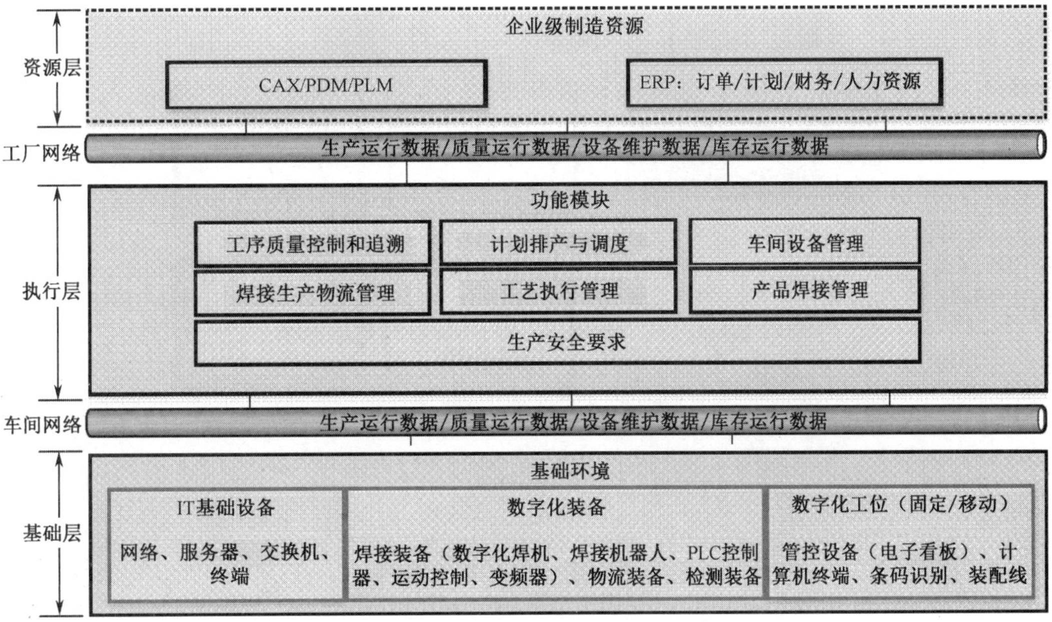

图 B.3　信息系统架构

B.1.2.2　基础层建设

a）IT 基础设施

在联合车间内建立具有良好开放性、抗干扰性的工业以太网有线网络、无线网络，保证人员、IT终端、数字化装备、数字化工位之间的通信需求；同时通过该网络及服务器、交换机与执行层各个功能模块进行数据交换，使文档、图纸、语音、数据、图像、视频、控制等信息在数字化车间的信息系统架构内及时、准确、安全地无缝传输。工业以太网架构如图 B.4 所示。

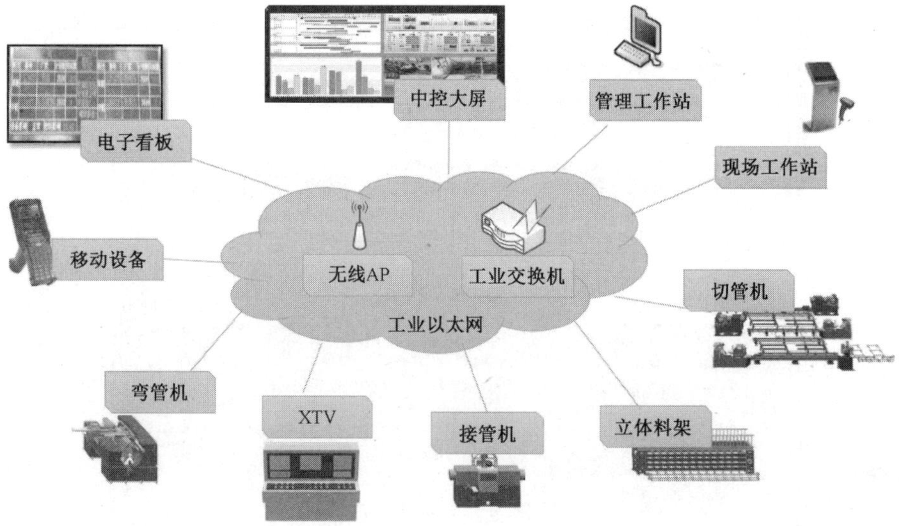

图 B.4　工业以太网架构

b）数字化装备

锅炉的生产制造随着产品的不断更新换代，已经形成了以核心焊接、转运、装配、质检等装备为主要生产手段的制造车间。因此，核心装备的自动化、数字化、智能化是实现锅炉数字化车间的关键基础。数字化装备应将工业通信网络模块或接口作为标准配置或预留配置。通过网络连接使每个装备可以实现最基本的数据装载和数据采集，以及人机交互功能。数字化装备示意图如图 B.5 所示。

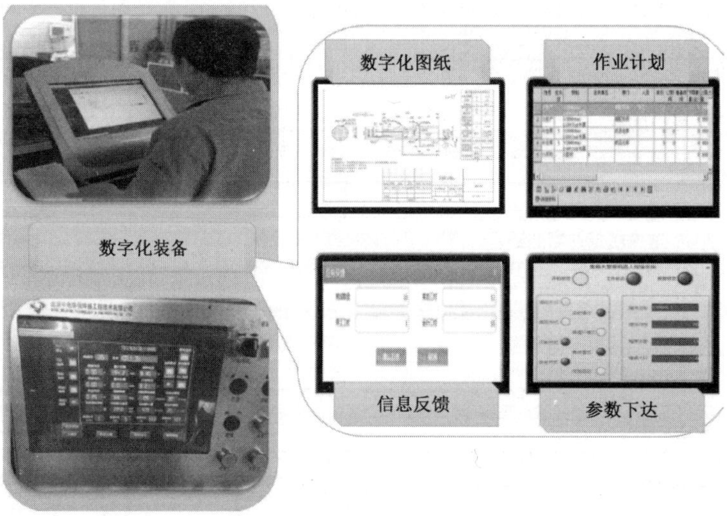

图 B.5　数字化装备示意图

B.1.2.3　执行层功能

执行层为系统主要管理功能的核心，它包括系统管理、基础管理、生产物流、质量管理、计划排产、现场作业管理、可视化管理、设备管理、生产绩效管理、工装模具及刀具辅具管理，以及其他辅助管理。执行层主要功能模块如图 B.6 所示。

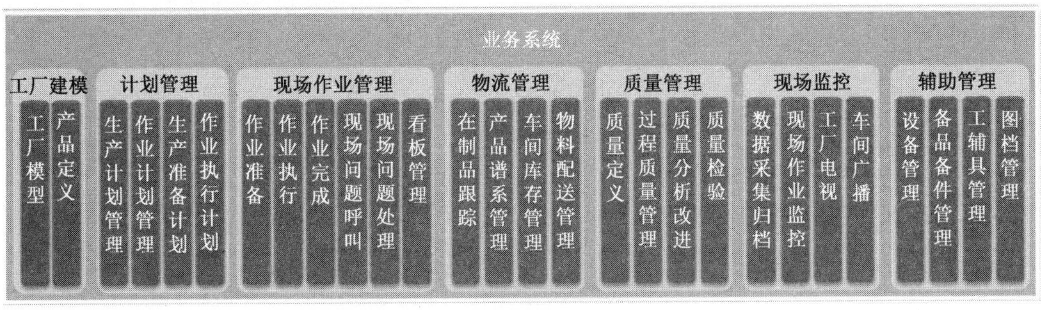

图 B.6　执行层主要功能模块

a）系统管理：为满足企业用户对软件系统的使用及系统安全性、扩展性、业务功能权限控制的需要，通过用户管理和权限控制，提供对系统安全的保证、登录主页的个性化配置；通过日志管理功能，记录系统运行过程中的操作和运行关键信息。

b）基础管理：为满足系统运行，须对工厂模型、产品工艺、组织机构、物料基础数据、班次及车间日历等基础信息进行集中维护管理。

c）生产物流：对车间物流进行管理，包括车间内的仓库物料管理、物料配送、现场在制品管理。

d）质量管理：对过程质量、工序完工检验、不合格品处理过程等进行管理，并记录跟踪产品生产过程中的质量，形成质量档案，实现质量追溯。

e）计划排产：管理车间的生产计划、作业计划及相关的生产准备计划，实现生产计划到车间现场的计划闭环执行，以及实时跟踪计划执行情况。生产管理人员可根据生产实际对作业计划进行调度。

f）现场作业管理：对现场作业人员的作业过程进行管理、跟踪，以及现场发生异常情况时进行问题呼叫。

g）可视化管理：利用形象直观的电子看板、大屏等来辅助现场生产活动，达到提高生产效率的目的。

h）设备管理：建立设备台账，管理设备基础信息，建立设备运行完好状态预判的关键参数体系；制订完善的设备维保计划，保证设备完好率和开工率；智能提示保养状态、故障原因及排除措施；统一管理设备的维修标准、维修工单和维修记录。

i）生产绩效管理：建立车间运行的工时和产量绩效指标体系，对车间运行的状态进行计算、分析和评价，以及计酬，用以帮助管理者找到改善车间管理的途径。

j）工装模具及刀具辅具管理：建立车间工装模具及刀具的台账并进行分类管理，对车间工装模具和刀具的领用情况，以及状态进行实时记录等。支持对新增工装模具及刀具的申请和领用，以及工装模具及刀具的报废等进行管理。

B.2　案例 2：利用 AR 技术，为焊接作业提供协助及远程专家指导

B.2.1　目的与概述

本案例介绍通过 AR 技术，为焊接现场作业提供协助，并通过远程连接专家系统，提供专家指导意见。

B.2.2 实现方案

专家眼镜系统示意图如图 B.7 所示。

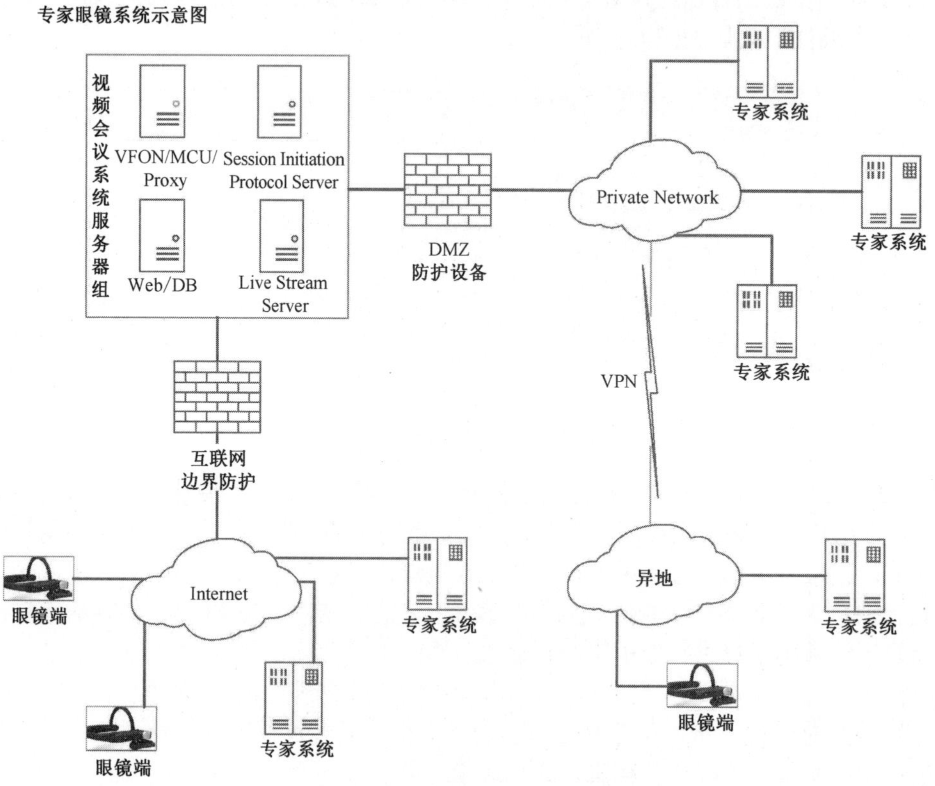

图 B.7 专家眼镜系统示意图

B.2.2.1 工作布置与执行

作业人员佩戴 AR 技术的工业级头盔，使得双手得到解放，AR 头盔具有无线连接功能，带有摄像头、麦克风和耳机，操作者输入 ID 和密码后，AR 头盔通过 Wi-Fi 与后台数据库连接。作业人员在作业前，利用 AR 头盔上的摄像头扫描零件上的二维码，确保被识别零部件处于合规状态。中央控制室向佩戴 AR 装备的作业人员推送当日的工作计划、调度信息、产品质量标准及专家库人员信息等内容。作业人员在执行过程中，按照工作计划的布置逐项进行操作，通过语音输入确认工作完成。执行过程全部采用数字化技术，记录存贮于中央控制室的数据库管理系统。系统登录界面如图 B.8 所示。

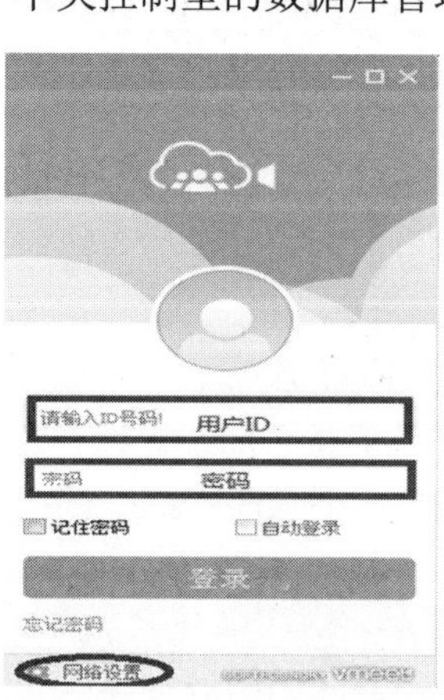

图 B.8 系统登录界面

B.2.2.2　专家远程指导与协助

在操作过程中遇到问题时，通过 AR 头盔可以扫描被操作部件，在 AR 显示屏上将显示该部件的操作步骤和帮助；如果不能解决问题，可以进一步发起从后台数据库中寻找解决问题的办法，后台数据库会将所查找到的匹配内容以图像、文字、音视频等方式发送到操作者 AR 头盔的显示屏上。

当后台数据库信息仍然无法解决问题时，操作者可以通过 AR 头盔发起向专家呼叫通话功能，也可以发起专家会议进行会诊解决。专家会议界面如图 B.9 所示。专家可以实时看到操作者眼前看到的场景，并进行远程指导；操作者可以将所关注的细节部分拍照发送给远程专家，专家在照片上进行标注后，再回传到现场操作者的 AR 显示屏，操作者可以进行图片的尺寸缩放。AR 头盔上的显示如图 B.10 所示，远程专家看到的显示如图 B.11 所示。

问题解决后，关闭远程指导与协助。

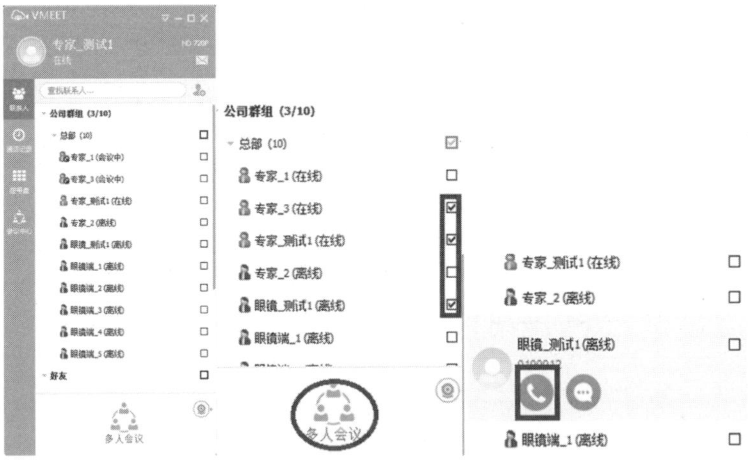

图 B.9　专家会议界面

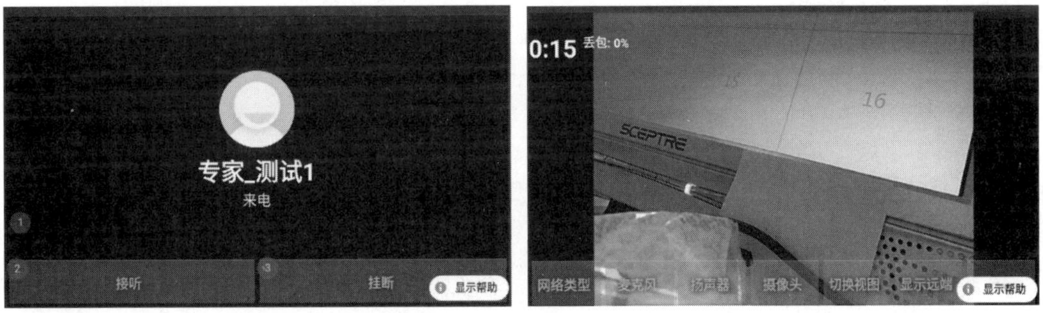

图 B.10　AR 头盔上的显示

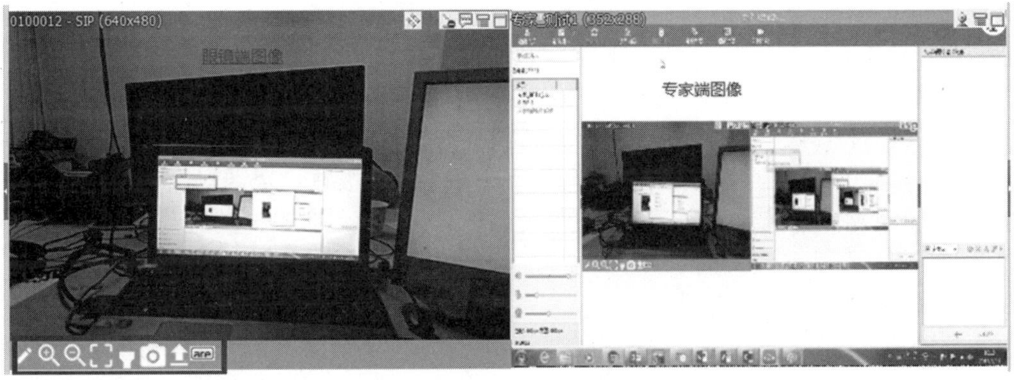

图 B.11　远程专家看到的显示

B.3 案例 3：锅炉汽包焊接三维作业指导书应用

B.3.1 目的与概述

汽包焊接是一个复杂的过程，每个锅炉产品其汽包组成各不相同，焊接位置、要求各异，光从二维工程图纸上不能直观地了解焊接工艺位置和要素，利用三维可视化手段可以提高直观性，有效提高焊接过程的工作效率。

B.3.2 实现方案

汽包焊接三维作业指导书是一种数字化的工艺文件，其内容包括汽包设计信息、制造资源信息、工艺设计信息、工艺过程视频和三维动画。汽包焊接三维作业指导书应用如图 B.12 所示。

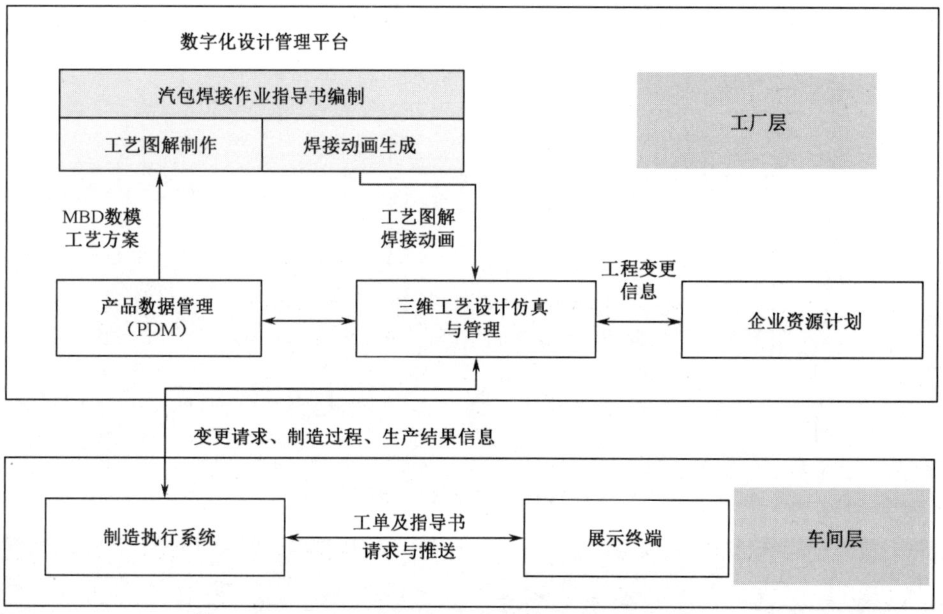

图 B.12　汽包焊接三维作业指导书应用

在汽包焊接工艺设计过程中针对每个工序进行工艺图解、焊接过程视频和三维动画的制作，将制作完成的工艺图解和焊接动画上传至三维工艺设计管理系统中，与对应的工艺节点进行关联，生成三维工艺，通过 PDM 系统对所产生的三维工艺进行审批和管理，最后将审核后的三维工艺通过网络终端传递到生产现场以指导焊接作业。

B.3.2.1 三维作业指导书编制流程

焊接三维作业指导书编制主要分如下四个阶段（见图 B.13）。

a）数据准备

MBD 焊接数模和焊接工艺方案是进行三维焊接作业指导书编制的依据和前提。在工艺过程仿真软件中，设计、优化和变更工艺方案。为降低对计算机性能的要求，需要对汽包模型进行轻量化处理，一般保存为 JT 格式或其他高度压缩的模型文件格式。数模包含设计模型、注释、属性、工艺信息和制造信息。

b）工艺图解编制

根据工序确定工艺图解的个数，并在工艺设计和仿真软件中为需要制作工序的操作创建视图。工艺图解在视图上添加尺寸信息、公差信息、工艺信息和注释信息。在工艺图解中注册零件和工艺编号，方便工艺管理系统查询和调用。

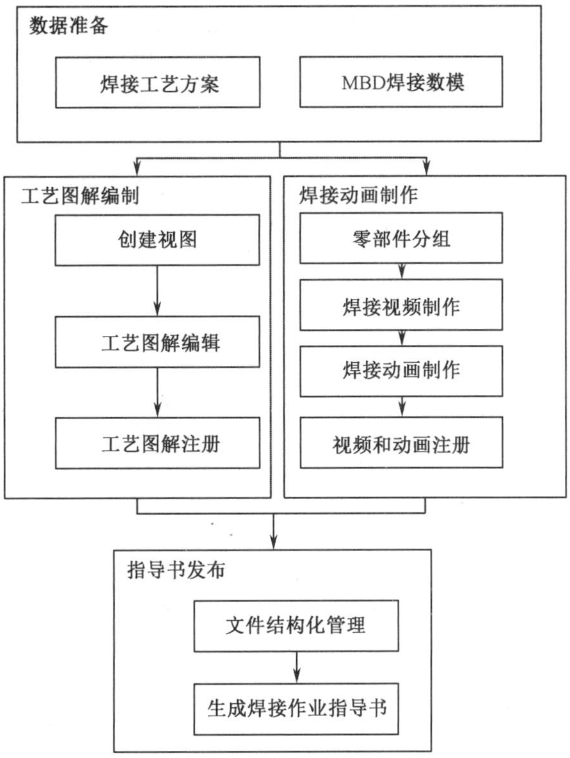

图 B.13 焊接三维作业指导书编制流程

c）焊接动画制作

在工艺管理系统中，焊接视频是拆分注册后的标准视频文件，焊接动画是可交互并带有沉浸感的焊接过程三维虚拟场景。

在工艺仿真软件中，根据工序需要，将优化后的工艺方案以工艺过程视频文件形式输出。在视频后期处理软件中，添加详细工艺过程说明，并进行视频和动画注册，方便工艺系统管理。

d）指导书发布

三维作业指导书可以整合图片、Office 文件、PDF、Html 网页、WEBGL 等各种类型文件并进行发布。可以通过鼠标操作对模型进行放大、缩小、移动和旋转等操作，同时可以观看焊接过程动画。

B.3.2.2 三维作业指导书工作流程

三维作业指导书工作流程如图 B.14 所示。发布后的三维作业指导书，在三维作业指导书管理系统中统一管理，并通过锅炉编号、工序编号与制造执行系统关联。生产过程中，MES 将工单任务推送到车间现场终端。员工可以根据工单查询计划的工作任务，并且能够通过 MES 调用锅炉关联的三维作业指导书。

B.3.2.3 车间员工培训

三维作业指导书能够更加形象地展示汽包生产过程中的每个细节，有利于提高员工的培训效果，让员工如同身临其境般学习工艺过程。

采用三维引擎构建锅炉汽包焊接虚拟生产线。在虚拟生产线中，包含典型汽包完整的虚拟加工过程和动态关联的三维作业指导书。通过沉浸式的三维培训环境，员工可以身临其境般学习汽包焊接工艺过程，部分工位可以采用交互的方式，让员工实践焊接过程。在学习典型产品加工过程的基础上，员工可以通过点击产品或工位的方式，查看产品的虚拟加工过程。

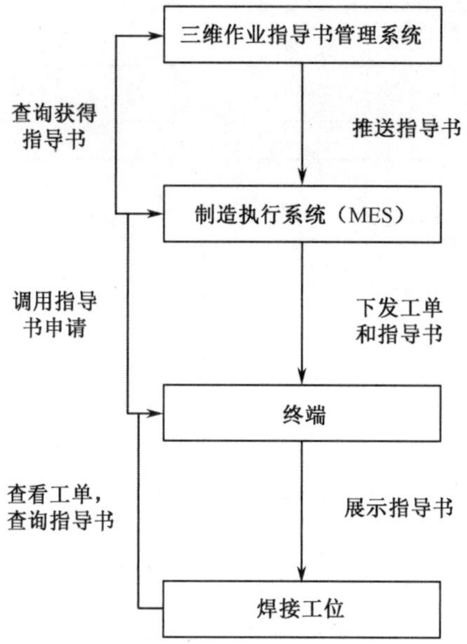

图 B.14　三维作业指导书工作流程

通过三维虚拟培训的方式，员工能够在安全环境下，最大程度地接触真实的加工过程，提高员工技能，增强其对产品加工过程的了解，进而提高生产效率、减少安全事故和提高产品质量。

B.3.2.4　车间生产指导

生产过程中，员工通过识别产品上的二维码或者其他标识，调用三维作业指导书管理系统中的三维作业指导书。在三维作业指导书中，员工可以获得工艺过程、工艺参数、设备输入参数、质检标准等，而且可以通过手柄或者手势控制三维作业指导书的进度和观看角度。

通过三维作业指导书，员工可在不熟悉某类产品的情况下快速形象地了解其加工方法和过程。员工可以按照工序和工步顺序，一边观看三维作业指导书，一边进行生产作业。配合 AR 眼镜或头戴式平板，能够解放双手，提高三维作业指导书的使用效果。在设备维修和产品修复中，三维作业指导书也能够实现类似的效果。